SAMUEL IFECHUKWU NWOKOLIE

Avaliação da conformidade com as normas iso 55000 na s-south Nigéria

SAMUEL IFECHUKWU NWOKOLIE

Avaliação da conformidade com as normas iso 55000 na s-south Nigéria

Na gestão do património das infra-estruturas públicas

ScienciaScripts

Imprint

Cover image: www.ingimage.com

This book is a translation from the original published under ISBN 978-620-8-17107-0.

Publisher:
Sciencia Scripts
is a trademark of
Dodo Books Indian Ocean Ltd. and OmniScriptum S.R.L publishing group

120 High Road, East Finchley, London, N2 9ED, United Kingdom
Str. Armeneasca 28/1, office 1, Chisinau MD-2012, Republic of Moldova, Europe
Managing Directors: Ieva Konstantinova, Victoria Ursu
info@omniscriptum.com

Printed at: see last page
ISBN: 978-620-8-51069-5

Conteúdo

CAPÍTULO 1 2
CAPÍTULO 2 8
CAPÍTULO 3 41
CAPÍTULO 4 48
CAPÍTULO 5 63
REFERÊNCIAS 66
APÊNDICE 73

CAPÍTULO 1

INTRODUÇÃO

1.1 Antecedentes do estudo

As infra-estruturas de classe mundial são vitais para a economia do país. Servem de base à prestação de serviços essenciais, impulsionam o crescimento económico, apoiam as necessidades sociais e estão intimamente ligadas a uma elevada qualidade de vida (Hardwicke, 2015). Para além de apoiar o crescimento económico, o desenvolvimento de sistemas de infra-estruturas é fundamental para o desenvolvimento social de uma nação, proporcionando uma vida confortável (Van der Mande *et al*, 2016) e facilitando, de muitas formas, a vida quotidiana (Jonsson, 2015).

As infra-estruturas não são apenas a cola que mantém a atividade económica unida, mas têm vindo a ganhar relevância como uma atividade económica importante por direito próprio. Com o crescimento do investimento de capital em activos de infra-estruturas para apoiar o desenvolvimento económico da nação, a ênfase deve ser colocada no desenvolvimento de abordagens holísticas para a gestão de activos de infra-estruturas, a fim de reduzir significativamente o custo de possuir activos (Eric e Martin, 2014).

A qualidade das infra-estruturas é um elemento indispensável do desenvolvimento de todos os países. As infra-estruturas de um país contribuem enormemente para o aumento da qualidade de vida através da prestação de serviços essenciais, da promoção do crescimento económico e do apoio às necessidades sociais (Hardwicke, 2005). Este facto está intimamente ligado ao triplo objetivo da sustentabilidade. Os projectos de infra-estruturas governamentais são geralmente mega-projectos que exigem milhares de milhões de dólares anuais para a sua construção, manutenção e funcionamento (Van der Mandele et al., 2006). A disponibilização do orçamento para satisfazer a procura crescente de redes de infra-estruturas de qualidade por parte das nações constitui um pesado encargo para os governos. Esta questão é mais crítica nos países em desenvolvimento, devido ao facto de os seus governos terem um produto interno bruto (PIB) mais baixo e de as despesas serem menos acessíveis.

Além disso, se estes governos decidirem concentrar o seu orçamento na melhoria das infra-estruturas físicas (activos construídos), haverá outros sectores importantes do país (como os cuidados de saúde, a educação, as indústrias, a agricultura, etc.) que receberão menos orçamento; isto pode afetar negativamente a economia e o bem-estar dos países e está em contraste com os objectivos de sustentabilidade (Tafazzoli, 2017). Daí a necessidade de gestão de activos.

O relatório sobre as infra-estruturas da Nigéria, tal como o de qualquer país do terceiro mundo, não é nada de especial. A situação da habitação é lamentável, tanto em termos quantitativos como qualitativos (Oyedele, 2018). A maioria das infra-estruturas está deteriorada e/ou em mau estado de conservação e necessita de reparação, remodelação, reabilitação ou substituição. Adegboye (2017) afirmou que "o estado deplorável das estradas nigerianas pode ser descrito como uma vergonha e um embaraço nacional. Isto deve-se ao facto de a maioria das estradas em todo o país, quer as estradas do Tronco A, que são federais, quer as do Tronco B, que são estradas estatais, quer as do Tronco C, que são estradas do governo local, se encontrarem em estado decadente, e quase não há nenhuma parte do país que se possa gabar de ter estradas motorizadas decentes.

O Secretariado Federal, construído em Ikoyi, em 1976, em Lagos, na Nigéria, não só era a assinatura de uma obra-prima da arquitetura, como a sua opulência absoluta também marcou na consciência global a chegada do país à era do boom do petróleo. Mas a sua glória foi remetida para o caixote do lixo da história em 1991, quando foi abandonada na sequência da mudança da capital do país para Abuja (Aderibigbe, 2015).

A gestão dos ativos de infraestruturas é o conjunto integrado e multidisciplinar de estratégias para a manutenção dos ativos de infraestruturas públicas, como estradas, pontes, redes de serviços públicos (eletricidade e telefone), caminhos-de-ferro, barragens, linhas de esgotos, estações de tratamento de água e condutas (Oyedele, 2019).

O objetivo da gestão dos activos de infra-estruturas é garantir que os activos de infra-estruturas adquiridos para utilização pública sejam funcionais durante todo o seu ciclo de vida. As infra-estruturas são a estrutura física e organizacional de base necessária ao funcionamento de uma sociedade. São estruturas e serviços técnicos que apoiam a sociedade. A principal caraterística de todas as infraestruturas é o facto de se desgastarem e se tornarem obsoletas devido à utilização ou aos efeitos do tempo, necessitando de manutenção para manter o seu meio em condições de funcionamento (Oyedele, 2019).

A prática da gestão de activos começa quando os proprietários de activos adquirem uma nova peça do ativo de infraestrutura. Na qualidade de proprietários, operadores e responsáveis pela manutenção dos activos de infra-estruturas, estas organizações assumem uma responsabilidade significativa na garantia do bom desempenho dos activos para satisfazer as necessidades de serviço dos seus clientes. No cerne da gestão de activos está o conceito de melhoria contínua (Eric e Martin, 2014). Existem essencialmente dois níveis de gestão patrimonial de infra-estruturas, ou seja, operacional e estratégico. A gestão operacional dos activos de infra-estruturas trata da atividade prática de manter as infra-estruturas em condições de funcionamento (Eric e Martin, 2014). O nível estratégico envolve a integração das necessidades dos utilizadores, do ambiente e das funções empresariais da organização. No passado, foram utilizados muitos sistemas de gestão de activos, os quais possuem capacidades inerentes de análise de investimentos. A maioria destes sistemas é utilizada para monitorizar as condições e, em seguida, planear e programar os seus projectos com base no "pior cenário possível". Estes sistemas existentes funcionam normalmente a nível operacional e centram-se num ativo específico (Eric e Martin, 2014)

A gestão dos activos é deficiente na Nigéria e é responsável pela escassez de infra-estruturas no país. As estradas, os edifícios públicos e as pontes na Nigéria estão a deteriorar-se; as suas partes apodrecem e, em alguns casos, desmoronam-se antes de serem tratadas; estas infra-estruturas estão em péssimo estado e são inestéticas (Oyedele, 2019). Os sistemas de gestão tradicionais nos países em desenvolvimento como a Nigéria são ineficazes, dispendiosos e constituem um obstáculo às tentativas de desenvolvimento. Em tal situação, o elemento-chave para melhorar os sistemas de gestão é maximizar a eficiência das infraestruturas existentes e explorar as oportunidades de reduzir os custos desnecessários na gestão patrimonial das infraestruturas (Tafazzoli, 2017). Por conseguinte, é na necessidade de uma gestão normalizada dos activos que entra a norma ISO 55000.

A compreensão dos princípios da gestão de activos desenvolveu-se significativamente na última década e várias abordagens, normas e modelos foram desenvolvidos em todo o mundo (Asayel *et.al* 2018). Em janeiro de 2014, uma norma internacional denominada ISO55000 (International Organization for Standardization) foi publicada pela ABNT (Associação Brasileira de Normas Técnicas). Esta norma poderia ser aplicada a todos os tipos de ativos em qualquer organização, independentemente do seu tipo e tamanho. Em 5 de fevereiro de 2014, a International Organization for Standardization lançou a série ISO55000. O primeiro

documento da série é a ISO55000, que fornece uma visão geral da norma com a definição dos princípios e terminologias da gestão de activos. O segundo documento é a ISO55001, que especifica os requisitos para a gestão de activos e, por último, a ISO55002, que fornece orientações para a aplicação da ISO55001.
A aplicação destas normas internacionais trará muitos benefícios, tais como o aumento da eficiência e da eficácia, a melhoria do nível dos serviços prestados, o reforço da reputação e a ajuda na gestão dos riscos (British Standard Institution, 2014). As séries de normas ISO55000 são enquadramentos que fornecem às organizações o que é necessário fazer, mas não a forma de o fazer, pelo que é necessário utilizar a política, o procedimento e as acções corretos para alcançar a excelência na gestão de activos (Minnaar *et al.*, 2013).

1.2 Declaração do problema

O maior desafio da economia nigeriana, de acordo com Ajakaiye (2018), é a persistente incapacidade de articular um quadro político nacional e subnacional sustentável que assegure a gestão regular e eficaz dos bens públicos, edifícios, infra-estruturas de serviços públicos e instalações". O Banco Mundial (2018), no Programa para o Desenvolvimento de Infra-estruturas em África, estimou que, no que diz respeito à eletricidade, água, estradas e TIC, o défice de infra-estruturas reduz o crescimento económico nacional em 2% e reduz a produtividade em 40%.
De acordo com Holodny (2015), a existência de infra-estruturas eficientes e de grande escala é indispensável para que qualquer economia funcione de forma competitiva. E essas infra-estruturas têm de ser mantidas e mesmo actualizadas se um país quiser que a sua economia funcione sem problemas. No entanto, nos últimos anos, desde a crise financeira mundial, a qualidade das infra-estruturas deteriorou-se em muitos países desenvolvidos, incluindo os EUA, a Alemanha e a França. Hong Kong ficou em primeiro lugar como o país com as melhores infra-estruturas do mundo, segundo o Fórum Económico Mundial (WEF, 2017). Singapura ficou em segundo lugar. Os Países Baixos ficaram em terceiro lugar, os Emirados Árabes Unidos em quarto, o Japão em quinto e a Suíça em sexto. Infelizmente, a Nigéria ficou no fundo da tabela, ocupando o 133.º lugar entre os 140 países classificados.
De acordo com Tijani, Adeyemi e Omotehinshe (2016), "a atitude indiferente dos nigerianos em relação à cultura de manutenção afectou negativamente o desenvolvimento das infra-estruturas, que é crítico e essencial para o desenvolvimento de uma nação. Foi neste sentido que o Governo Federal declarou que gastou 4,9 mil milhões de dólares nigerianos na reabilitação da estrada Hadejia-Biniwa no Estado de Jigawa, sendo que a reabilitação da estrada de 40 quilómetros está a custar tanto devido ao seu estado degradado por falta de manutenção durante muitos anos (Adeyemi e Omotehinshe, 2016)
De acordo com Adekunle (2011), em todas as economias, as infra-estruturas são cruciais para o desenvolvimento económico. As economias com infra-estruturas inadequadas ou subdesenvolvidas são obrigadas a registar um crescimento económico lento e, em alguns casos, uma agitação social com as consequentes perdas humanas e materiais. Quando uma economia é confrontada com o desafio da deficiência de infra-estruturas, geralmente não é atractiva para investimentos de capital ou investimentos estrangeiros. Uma economia assim não pode desenvolver sucessivamente uma base sustentável de capital humano ou atrair a mão de obra mais qualificada. Por conseguinte, os países que desejam competir pelo capital investível e explorar os benefícios do desenvolvimento sustentável têm de atualizar as suas infra-estruturas de acordo com as normas de investimento mundiais, o que pode ser conseguido através do cumprimento de normas de gestão eficazes (Adekunle, 2011).

Adeleye (2008) relata que a gestão dos activos de infra-estruturas pelos organismos públicos na Nigéria tem sido marcada por uma gestão deficiente. De acordo com Adeleye (2008), esta situação deve-se à incapacidade dos organismos públicos de aplicarem técnicas e princípios modernos de gestão de activos na gestão dos activos de infra-estruturas do país. Esta má técnica de gestão por parte dos organismos públicos é ainda agravada pela falta de cumprimento do protocolo normalizado de gestão patrimonial de infra-estruturas, que é a ISO55000. Isto afectaria indubitavelmente a capacidade de utilização destes activos.

Este cenário é peculiar à região Sul-Sul, que contribui com mais de 90% para o rendimento nacional (Okumaga & Okereka, 2012). Por outras palavras, a região ainda está subdesenvolvida, especialmente na área das infra-estruturas, mesmo com a sua enorme contribuição económica para o crescimento e o desenvolvimento económico global do país. De acordo com Agbaje (2008), a falta de infra-estruturas adequadas e de um quadro de gestão, entre outros, privaria a Nigéria e, na verdade, a região Sul-Sul, de um desenvolvimento frutuoso. À luz desta descrição, preocupado com os problemas acima mencionados associados à gestão dos bens públicos, o problema deste estudo é compreender o papel da conformidade com a norma ISO 55000 na gestão e manutenção dos bens das infra-estruturas públicas no Sul-Sul, Nigéria.

1.3 Finalidade e objectivos da investigação

1.3.1 Objetivo

O estudo tem por objetivo avaliar a conformidade com a norma ISO55000 na gestão e manutenção das infra-estruturas dos organismos públicos, com vista a melhorar a adoção da norma ISO 55000 na gestão do património público no Sul da Nigéria.

1.3.2 Objectivos

Para atingir este objetivo, são definidos os seguintes objectivos específicos:

1. Estabelecer o nível de conhecimento das normas ISO 55000 entre os gestores de activos no Sul da Nigéria.
2. Avaliar os obstáculos à aplicação das normas ISO 55000 na gestão e manutenção dos activos das infra-estruturas públicas na área de estudo.
3. Avaliar os factores que conduzem à aplicação das normas ISO 55000 na gestão e manutenção dos activos das infra-estruturas públicas na área de estudo.
4. Determinar o grau de utilização das normas ISO 55000 pelos gestores de bens públicos na área de estudo.
5. Determinar o desempenho das infra-estruturas públicas com base em indicadores-chave de desempenho (KPI) para a gestão de activos.

1.4 Questões de investigação

A partir dos objectivos declarados e das questões levantadas no enunciado do problema, foram postuladas as seguintes questões:

1. Em que medida tem conhecimento das normas ISO 55000 como documento de gestão de activos entre os gestores de activos públicos na área de estudo?
2. Quais são os obstáculos à aplicação da norma ISO 55000 na gestão e manutenção dos activos das infra-estruturas públicas na área de estudo?
3. Quais são os factores que impulsionam a aplicação da norma ISO 55000 na gestão e manutenção dos activos das infra-estruturas públicas na área de estudo?
4. Qual é o grau de utilização da norma ISO 55000 na gestão e manutenção dos bens públicos na área de estudo?
5. Qual é o grau de desempenho dos activos das infra-estruturas públicas com base em

indicadores-chave de desempenho (KPI) para a gestão de activos?

1.5 Hipótese de investigação

H01: Não existe uma relação significativa entre o grau de utilização da norma ISO 55000 e o desempenho das infra-estruturas públicas com base nos indicadores-chave de desempenho (KPI) para as normas de gestão patrimonial no Sul da Nigéria.

1.6 Importância do estudo

De um modo geral, o significado de uma melhor gestão de activos, de acordo com o Manual Internacional de Gestão de Infra-estruturas (2006), é o aumento da satisfação do cliente, da governação e da responsabilização através de uma abordagem sistematizada. As conclusões deste estudo seriam de grande utilidade para a gestão dos organismos públicos na área de estudo. Os resultados também ajudariam a determinar o nível de conhecimento das normas ISO 55000 entre os gestores de activos no Sul da Nigéria.

As conclusões deste estudo ajudam o governo do Sul-Sul e da Nigéria em geral a propagar leis baseadas nas melhores práticas ao abrigo das normas ISO 55000 e 55001, capazes de atenuar os obstáculos a uma gestão e manutenção eficazes das infra-estruturas dos organismos públicos.

Além disso, os resultados da avaliação dos condutores das normas ISO 55000 beneficiam as organizações , os sectores privados e as instituições públicas, acrescentando ao conjunto de informações que ajudam no planeamento e na tomada de decisões estratégicas.

Esta investigação contribui imensamente para o corpo académico de conhecimentos e como premissa para investigação futura, estabelecendo o grau de utilização da ISO 55000 entre os gestores de activos. Além disso, este estudo ajuda os decisores a tomarem medidas adequadas sobre o desempenho das infra-estruturas públicas com base nos indicadores-chave de desempenho da gestão patrimonial.

1.7 Âmbito e delimitação do estudo

Este estudo foi delimitado para avaliar a conformidade com a norma ISO 55000 para a gestão do património público na Zona Geopolítica Sul-Sul da Nigéria. Existem muitas infra-estruturas que servem de ativo para os organismos públicos, mas para este estudo, o ativo de infra-estruturas a considerar seria o património de infra-estruturas de construção gerido pela Função Pública dos Estados de Delta, Bayelsa e Rivers. As infra-estruturas de construção são consideradas devido ao enorme orçamento anual destes Estados para a reconstrução, manutenção e gestão dos seus próprios edifícios.

O estudo cobriu especificamente cinco áreas importantes, tais como as barreiras e os factores que levam a uma gestão e manutenção eficazes dos activos, o nível de sensibilização e o grau de utilização das normas 1S0 55000 entre os gestores de activos públicos no Sul-Sul da Nigéria e o desempenho dos indicadores-chave de desempenho da gestão de activos baseados em infra-estruturas públicas. As normas estabelecidas pela ISO 55000 são adoptadas neste estudo porque fornecem pistas sobre o que é a gestão de activos e também estabelecem normas contemporâneas para uma gestão de activos eficaz.

1.8 Limitações do estudo

As dificuldades encontradas neste estudo são as seguintes:

1. Alguns profissionais envolvidos não estavam dispostos a dar informações, o que levou o investigador a introduzir uma discussão em grupo para uma compreensão mais aprofundada.
2. A população deste estudo baseou-se apenas nos gestores de instalações públicas, mas a verificação do seu estatuto profissional constituiu um desafio. Este problema foi ultrapassado pelos Registos da Função Pública dos Estados e pelo Presidente do Capítulo dos Estados do

Instituto Nigeriano da Construção e do Instituto Nigeriano de Agrimensores e Avaliadores Imobiliários, que confirmaram que eram efetivamente profissionais.

3. Foi difícil comprar a publicação ISO 55000 em naira nigeriana. Este problema foi resolvido com o recurso a um agente, o que implicou custos adicionais e atrasos na conclusão desta tese.

CAPÍTULO 2

REVISÃO DA LITERATURA

2.1 Preâmbulos

Este capítulo apresenta os pontos de vista da literatura relacionada, que estão organizados nos seguintes subtítulos: uma panorâmica das normas ISO relativas à gestão dos activos públicos, aplicação das normas ISO 55000, obstáculos e factores de mudança na gestão dos activos, análise do ciclo de vida da gestão dos activos de infra-estruturas e indicadores de desempenho segundo as normas ISO 55000 e ISO 55002, estudos empíricos; lacunas do estudo; resumo da revisão da literatura relacionada.

2.2 Visão geral da norma ISO 55000

A norma ISO 55000 fornece orientações relacionadas com o desenvolvimento de informações documentadas que especificam como os objectivos organizacionais são transformados em objectivos de gestão de activos. Para além da documentação, a norma descreve a função e os requisitos gerais de um Sistema de Gestão de Activos (SGA). As considerações relacionadas com o contexto da organização são utilizadas no desenvolvimento de políticas de gestão de activos, objectivos organizacionais, identificação de riscos organizacionais e implementação de um Plano Estratégico de Gestão de Activos (SAMP), Planos de Gestão de Activos (AMPs) e criação e implementação de Procedimentos Operacionais Normalizados (SOPs).

A gestão de ativos é um sistema de gestão que permite a uma organização obter valor dos seus ativos na realização dos seus objetivos organizacionais (ISO 55002, 2018). Os sistemas de gestão de ativos são sistemas utilizados por uma organização para dirigir, controlar e coordenar as atividades de gestão de ativos (ISO 55002, 2018). Esta Norma Internacional (ISO 55000) especifica os requisitos para um sistema de gestão de ativos no contexto da organização. Esta Norma Internacional especifica os requisitos para o estabelecimento, implementação, manutenção e melhoria de um sistema de gestão para a gestão de activos, referido como "sistema de gestão de activos". A ISO 55000 pode ser aplicada a todos os tipos de activos e por todos os tipos e dimensões de organizações. Destina-se a ser utilizada na gestão de activos físicos, mas pode ser aplicada a outros tipos de activos. Não especifica requisitos financeiros, contabilísticos ou técnicos para a gestão de tipos de activos específicos. De acordo com a ISO 55000 (2014), esta norma internacional destina-se principalmente a ser utilizada por: a. Pessoas envolvidas no estabelecimento, implementação, manutenção e melhoria de um sistema de gestão de activos;

b. As pessoas envolvidas na realização de actividades de gestão de activos e os prestadores de serviços;

c. Partes internas e externas para avaliar a capacidade da organização para cumprir os requisitos legais, regulamentares e contratuais e os requisitos da organização (ISO 55000, 2014).

2.2.1 O que é a ISO 55000?

A norma ISO 55000, geralmente designada por "ISO 55000" (e referenciada como tal daqui em diante), é composta por três capítulos principais:

1. ISO 55000 - Gestão de activos - Visão geral, princípios e terminologia
2. ISO 55001 - Gestão de activos - Sistemas de gestão - Requisitos
3. ISO 55002 - Gestão de activos - Sistemas de gestão - Diretrizes para a aplicação da ISO 55001

A ISO 55000 é um conjunto de normas internacionais que fornecem requisitos e especificações para um sistema integrado e eficaz de gestão de activos. Antes do lançamento da ISO 55000, a norma PAS 55 foi publicada pela British Standards Institution em 2004 para activos físicos. A série ISO 55000 de normas de gestão de activos foi criada em 2010 e lançada em em fevereiro de 2014. A norma ISO 55000 descreve os componentes mínimos que uma AMS deve ter para estar em conformidade com os sete elementos da norma, de acordo com a figura 2.1:

1. **Contexto da Organização:** Os objectivos organizacionais fornecem contexto e orientação para as actividades de gestão de activos da organização. Os objetivos organizacionais são geralmente produzidos a partir das atividades de planejamento estratégico da organização e são documentados em um plano organizacional.
2. **Liderança:** A gestão de activos é demonstrada pela liderança através do desenvolvimento, implementação, operação e melhoria contínua de um AMS. No entanto, um fator chave de sucesso é que a propriedade e a responsabilidade pela gestão de activos permanecem ao nível da gestão de topo.
3. **Planeamento:** A abordagem de gestão dos riscos associados à AMS requer o alinhamento com a estratégia de gestão de riscos da organização, incluindo o planeamento da continuidade do negócio e o planeamento de contingência. A organização deve integrar as acções identificadas para lidar com o risco no plano de implementação da EMA. Os objectivos organizacionais são produzidos a partir das actividades de planeamento a nível estratégico da organização e estão documentados num plano organizacional.
4. **Apoio:** As organizações devem identificar os recursos necessários e mapear os recursos disponíveis para as actividades planeadas, a fim de determinar e colmatar as lacunas. Esta análise de lacunas aplica-se a todas as actividades de gestão de activos e pode exigir a definição de prioridades e o planeamento de muitos projectos para colmatar essas lacunas.
5. **Operações:** O AMS é gerido pelas Operações que têm funções e responsabilidades definidas para garantir que o AMS está a funcionar de acordo com as expectativas. As operações utilizam as ferramentas de gestão de activos implementadas para garantir a fiabilidade, o desempenho e a qualidade.
6. **Avaliação do desempenho:** A organização avalia o desempenho dos seus activos, da sua gestão de activos e da sua AMS. As medidas de desempenho podem ser diretas ou indirectas, financeiras ou não financeiras.
7. **Melhoria contínua:** Os objectivos de Melhoria Contínua são identificados, avaliados e implementados em toda a organização através de uma combinação de monitorização e acções corretivas para os activos, gestão de activos ou AMS. A melhoria contínua deve ser encarada como uma atividade iterativa permanente, com o objetivo final de proporcionar a objectivos organizacionais.

Figura 2.1: Sete elementos da norma ISO 55000

Fonte: Rede de Liderança de Activos (2021).

2.3 Nível de conhecimento das normas ISO 55000 entre os gestores de activos

De acordo com Tijani, Adeyemi e Omotehinshe (2016), "a atitude desinteressada dos nigerianos em relação à cultura de manutenção afectou negativamente o desenvolvimento das infra-estruturas, que é crítico e essencial para o desenvolvimento de uma nação.

De acordo com Nubi, (2020), o baixo nível de implementação das normas ISO 55000 na Nigéria não ocorre sem que haja desafios à gestão dos activos de infra-estruturas no país. Estes desafios podem ser atribuídos a diferentes factores, tais como um planeamento deficiente, uma gestão de dados deficiente, a falta de comunicação e a necessidade de a organização determinar a competência necessária da(s) pessoa(s) que trabalha(m) sob o seu controlo. Outros incluem a falta de reconhecimento da importância da gestão de activos por parte do governo, a entrega incorrecta de infra-estruturas, a falta de acompanhamento e avaliação eficazes do projeto por parte do governo, a falta de fundos para inculcar diretivas ISO 55000 adequadas na nossa cultura de manutenção, a má qualidade das obras de infra-estruturas, o baixo avanço tecnológico, a corrupção entre os dirigentes de uma organização pública, a má economia de manutenção e o mau ambiente político.

No entanto, a subsecção 7 da ISO 55001 (2014) afirma que a organização deve determinar e fornecer os recursos necessários para o estabelecimento, implementação, manutenção e melhoria contínua do sistema de gestão de ativos. Além disso, enfatizou a necessidade de a organização determinar a competência necessária da(s) pessoa(s) que realiza(m) trabalhos sob o seu controlo que afectam o desempenho dos activos, o desempenho da gestão de activos e o desempenho do sistema de gestão de activos:

a) Assegurar que essas pessoas são competentes com base numa educação, formação ou experiência adequadas;
b) se for caso disso, tomar medidas para adquirir as competências necessárias e avaliar a eficácia das medidas tomadas;
c) Conservar informações documentadas adequadas como prova de competência;
d) Rever periodicamente as necessidades e requisitos actuais e futuros em matéria de competências

No entanto, a ISO55002 (2018) argumentou que, durante o desenvolvimento e a implementação do sistema de gestão de ativos, a organização deve determinar os recursos necessários, considerando a:

a) A sua carteira de activos;
b) O seu sistema de gestão de activos;
c) As suas actividades de gestão de activos decorrem do SAMP e dos planos de gestão de activos;
d) Os objectivos organizacionais e os objectivos de gestão de activos;
e) Actividades de acompanhamento do desempenho;
f) Actividades de melhoria para corrigir eventuais não conformidades.

A organização deve mapear os recursos disponíveis necessários para as suas actividades planeadas para determinar eventuais lacunas. Esta análise das lacunas pode ser utilizada como um contributo para o processo de melhoria. Esta análise aplica-se a todas as actividades de gestão de activos, pode ser extensa e pode exigir a definição de prioridades e o planeamento de muitos projectos para colmatar estas lacunas. Os requisitos de recursos devem ser incluídos e incorporados no processo de planeamento, em todos os períodos de tempo, para garantir a disponibilidade de recursos adequados e apropriados para a execução dos planos. Esta abordagem deve incluir a consideração da estratégia de recursos da organização (por exemplo, para os recursos humanos, e se as competências e capacidades são "essenciais" ou se podem ser subcontratadas). As considerações relativas aos recursos podem também resultar em alterações à forma como os requisitos planeados são cumpridos (ISO 55002, 2018).

A série ISO 55000 visa fornecer um quadro normalizado para um sistema de gestão de activos. De acordo com Nnodim, (2021), esta norma é mais abrangente e detalhada, criando uma forma mais clara de implementar um sistema de gestão de activos em qualquer organização. Estas normas aplicam-se a qualquer organização, desde que os activos sejam factores-chave importantes para atingir os objectivos empresariais. A família de normas ISO 55000 é composta por três documentos: ISO 55000; fornece uma visão geral crítica, conceitos e terminologia; ISO 55001; especifica os requisitos para um sistema de gestão de activos eficaz; ISO 55002; oferece interpretação e orientação para a implementação de um sistema deste tipo. As normas ISO 55000 destinam-se a organizações que estabelecem, implementam, mantêm e melhoram sistemas de gestão de activos (ISO/CD55000, 2012), permitindo-lhes extrair valor dos seus activos. A norma informa o leitor sobre a forma de implementar e manter um sistema de gestão de activos em todos os níveis de gestão de uma organização, orientando o que deve ser feito. Também fornece informações sobre o planeamento, a operação e as actividades de apoio que acompanham esse sistema (Nubi, (2020).

Em consonância, Ajakaiye, (2018) postula que a série de normas ISO 55000 se baseia no quadro geral Planear, fazer, verificar e agir (PDCA), que é reconhecido como a base para a melhoria contínua dos sistemas de gestão. A adoção da série de normas ISO 55000 dará garantias aos seus reguladores, clientes e investidores, ajudando a organização a atingir o seu

objetivo de forma eficiente. A implementação da norma promove a manutenção proactiva de activos como as instalações, o que conduzirá a menos falhas, menos desperdício e a um melhor serviço. A ISO 55000 ajuda as organizações a estabelecer um Sistema de Gestão de Activos (AMS) para otimizar os activos; este sistema comunica com elementos que produzem políticas, objectivos e procedimentos para atingir os objectivos de uma organização.
O principal benefício da ISO 55000, de acordo com Fulmer e Jeffrey (2019), é o facto de fornecer um conjunto mínimo de requisitos para um sistema de gestão de ativos eficaz, mas permitir que a própria organização determine a melhor forma de o implementar para atender às suas necessidades; no entanto, isso exigiria primeiro que a empresa compreendesse a ISO 55000. O cumprimento destes requisitos (ISO 55001) permite uma tomada de decisões consistente sobre as actividades que têm impacto nos riscos, no desempenho e nos perfis de custos relacionados com os activos. Isto indica que a gestão deve estar equipada para tomar decisões objectivas, previsíveis e consistentes que envolvam compromissos entre efeitos a curto e a longo prazo e combinações óptimas de benefícios inter-relacionados e conflituosos. A norma ISO 55001 exige especificamente que "o método para a tomada de decisões e a definição de prioridades das actividades e recursos para alcançar o(s) seu(s) plano(s) e objectivos de gestão de activos deve ser documentado" (ISO 55001, Secção 6.2.2, p. 4). A ISO 55000 exige ainda que a organização "retenha informação documentada adequada como prova dos resultados da monitorização, medição, análise e avaliação" (ISO 55001, Secção 9.1, p. 9).
Ao implementar a ISO 55000, este relatório propõe que seja introduzida na indústria uma estratégia de gestão de activos centrada no cuidado dos activos. Isto permitiria às organizações desenvolver e manter o seu ambiente competitivo. Para atingir os objectivos de qualidade do produto, os fabricantes não só necessitam de esforços contínuos para melhorar a qualidade do produto e do processo, como também é necessário que o equipamento funcione com o máximo desempenho. A fiabilidade e a produtividade dos bens de capital são essenciais para o sucesso financeiro da organização. De acordo com Raguram (2014) e Tsarouhas (2017), o equipamento de fabrico é uma das principais preocupações das organizações de fabrico, uma vez que a avaria do equipamento; a reparação ou os defeitos de qualidade podem afetar a qualidade, o custo e o tempo de entrega do produto. Por conseguinte, isto sugere que a atividade de manutenção é importante para o desempenho global e a otimização do ciclo de vida dos activos e que é necessário criar esta consciência para uma implementação adequada da norma ISO 55000 na Nigéria (Aberdeen Group, 2016).

2.3.1 Requisitos do sistema de gestão de activos da norma ISO 55001.

A Norma Internacional especifica os requisitos para o estabelecimento, implementação, manutenção e melhoria de um sistema de gestão para a gestão de activos, referido como um "sistema de gestão de activos". Esta Norma Internacional pode ser utilizada por qualquer organização.
A organização determina a quais dos seus activos esta Norma Internacional se aplica. Esta Norma Internacional destina-se principalmente a ser utilizada por:

a) As pessoas envolvidas na criação, implementação, manutenção e melhoria de um sistema de gestão de activos;

b) As pessoas envolvidas na realização de actividades de gestão de activos e os prestadores de serviços;

c) As partes internas e externas avaliam a capacidade da organização para cumprir os requisitos legais, regulamentares e contratuais e os requisitos da organização.

Existem várias exigências estabelecidas na ISO 55001 para atingir os objectivos. Para conseguir uma utilização máxima das normas, Airin e Elin (2017) afirmaram que a organização tem de compreender plenamente os aspectos internos e externos que são relevantes para o seu objetivo. A organização requer uma compreensão das necessidades e expectativas das partes interessadas. Assim, a organização deve decidir sobre as partes interessadas relevantes para o sistema de gestão de ativos, seguido de suas demandas e expectativas sobre a gestão de ativos, critérios para a tomada de decisão sobre a gestão de ativos e as demandas das partes interessadas para a gestão de informações financeiras e não financeiras. Para determinar o âmbito do sistema de gestão de activos, a organização deve decidir os limites e a aplicabilidade. O âmbito deve ser consistente com o plano estratégico de gestão de activos (ISO 2014). Para além das exigências anteriores, deve haver uma interação entre outros sistemas de gestão na organização (Swedish Standards Institute, 2015). Airin e Elin (2017), citando o Swedish Standards Institute, explicam ainda que devem ser colocadas determinadas exigências à gestão de topo para demonstrar liderança no sistema de gestão de activos. É necessário clarificar as funções de propriedade e as responsabilidades no que respeita às partes específicas e seguir as políticas. Devem ser adoptadas medidas para enfrentar os riscos e as possibilidades do sistema de gestão. Além disso, é necessário clarificar os objectivos da gestão de activos e fazer o planeamento necessário para os alcançar. A organização tem de garantir que os recursos e as competências adequados dentro da empresa são implementados corretamente. É essencial uma consciencialização geral, que pode ser estabelecida através de canais de comunicação adequados e da procura de informação para o sistema de gestão de activos. Os proprietários dos activos devem criar e atualizar a informação documentada e controlar a informação documentada. Antes de implementar uma mudança, o planeamento do produto e a gestão dos processos devem ser estabelecidos. Além disso, a organização deve decidir quais os activos a monitorizar, medir, analisar e avaliar as alterações (Swedish Standards Institute, 2015). A International Standardization Organization (ISO) 55000 dá uma imagem global dos activos e dos sistemas de gestão dos activos. Esta norma é fornecida como um enquadramento para as normas ISO 55001 e ISO 55002. O conjunto destas normas permite que a organização atinja os seus objectivos através de uma gestão eficaz dos activos. Os princípios básicos da gestão de activos apresentados nesta norma podem criar um efeito de alavanca quando combinados com medidas de assunção de riscos e com a gestão geral de uma organização.

De acordo com o Swedish Standard Institute (2015), os princípios fundamentais são compostos por quatro factores: valor, alinhamento mútuo, liderança e controlo. Uma organização pode melhorar os resultados financeiros e a gestão do risco, oferecer melhores serviços e confirmar a responsabilidade social e a transparência. Ao aumentar a satisfação do cliente, a organização terá uma maior sustentabilidade e uma maior eficiência. Um sistema de gestão de activos gera um método estruturado para desenvolver, coordenar e supervisionar as medidas que a organização toma para os activos durante as diferentes fases do ciclo de vida. A ISO 55001 estabelece os requisitos para um sistema de gestão de activos, mas deixa as configurações dos sistemas para a ISO 55002. Esta última fornece diretrizes sobre como delinear e operar um sistema de gestão de activos (Swedish Standards Institute, 2015):

1. **Contexto da organização**

a) Compreender a organização e o seu contexto
b) Compreender as necessidades e expectativas das partes interessadas
c) Determinação do âmbito do sistema de gestão de activos

d) Sistema de gestão de activos

2. Liderança

a) Liderança e empenhamento

b) Política

c) Funções, responsabilidades e autoridades organizacionais

3. Planeamento.

a) Acções para fazer face aos riscos e oportunidades do sistema de gestão de activos

b) Objectivos de gestão de activos e planeamento para os atingir

4. Apoio

a) Recursos

b) Competência

c) Consciencialização

d) Comunicação

e) Requisitos de informação

f) Informações documentadas

5. Funcionamento

a) Planeamento e controlo operacional

b) Gestão da mudança

c) Externalização.

6. Avaliação do desempenho

a) Acompanhamento, medição, análise e avaliação.

b) Auditoria interna

c) Revisão da gestão

7. Melhoria

a) Não-conformidade e ação corretiva

b) Acções preventivas

c) Melhoria contínua

Airin e Elin (2017) afirmaram que a ISO 55001 diz respeito a um vasto leque de áreas de foco, desde questões organizacionais a liderança e política. Consegue esclarecer qual a documentação necessária para aumentar a eficiência numa organização.

2.3.2 Benefícios alcançados pela ISO 55000

Muitas empresas de construção existentes são confrontadas com infra-estruturas envelhecidas, uma força de trabalho envelhecida e um ambiente político e tecnológico em rápida mudança. Os benefícios de uma implementação bem sucedida da gestão de activos ISO 55000 estão bem documentados. Estes incluem uma melhor gestão do risco, a quebra de silos organizacionais com um maior alinhamento em torno da gestão do ciclo de vida dos activos, formação estruturada e retenção de competências-chave e uma priorização eficaz do investimento. As organizações estão a procurar melhorar a gestão dos activos físicos devido a problemas associados à forma como os seus activos são atualmente geridos e funcionam. Uma gestão eficaz e eficiente dos activos pode conduzir a: i. Aumento da capacidade de produção

ii. Menor custo de manutenção dos activos físicos activos

iii. Redução e/ou eliminação dos riscos associados aos activos físicos iv. Melhoria dos resultados financeiros

2.3.3 Infra-estruturas públicas

Infraestrutura refere-se às instalações e sistemas fundamentais que servem um país, cidade ou outra área, incluindo os serviços e instalações necessários ao funcionamento da sua economia (O'Sullivan & Sheffrin, 2013). As infra-estruturas são compostas por melhorias físicas públicas e privadas, como estradas, pontes, túneis, abastecimento de água, esgotos, redes eléctricas e telecomunicações (incluindo conetividade à Internet e velocidades de banda larga). Em geral, também foi definida como "os componentes físicos de sistemas inter-relacionados que fornecem bens e serviços essenciais para permitir, sustentar ou melhorar as condições de vida da sociedade" (Fulmer, 2019).

Existem dois tipos gerais de formas de ver as infraestruturas: hard ou soft. As infraestruturas duras referem-se às redes físicas necessárias para o funcionamento de uma indústria moderna (Hamutak, 2019). Isto inclui estradas, pontes, caminhos-de-ferro, etc. A infraestrutura refere-se a todas as instituições que mantêm os padrões económicos, de saúde, sociais e culturais de um país (Hamutak, 2019). No entanto, as obras públicas, como as infraestruturas detidas e exploradas pelo Estado, bem como os edifícios públicos, como escolas e tribunais, também são geralmente referidos como ativos físicos necessários para prestar serviços públicos. Os serviços serviços públicos incluem tanto infra-estruturas e serviços geralmente prestados pelo governo. Além disso, o painel do Conselho Nacional de Investigação dos EUA(1987) adoptou o termo "infra-estruturas de infra-estruturas de obras públicas", referindo-se a ambos modos funcionais específicos - auto-estradas, estradas e pontes; transportes colectivos; aeroportos e vias aéreas; abastecimento de água e recursos hídricos; gestão de águas residuais; tratamento e eliminação de resíduos sólidos; energia eléctrica produção e transmissão de energia eléctrica; telecomunicações; e gestão de resíduos perigosos. A compreensão das infra-estruturas abrange não apenas estas infra-estruturas públicas instalações de obras, mas também os procedimentos operacionais, as práticas de gestão e as políticas de desenvolvimento que interagem com a procura da sociedade e o mundo físico para facilitar o transporte de pessoas e bens, o fornecimento de água potável e uma variedade de outras utilizações, a eliminação segura dos resíduos da sociedade, o fornecimento de energia onde é necessária e a transmissão de informações dentro e entre comunidades (Relatório sobre as infraestruturas, 2017).

Schraven, Hartman e Dewulf (20011) investigaram a eficácia dos desafios da gestão patrimonial de infra-estruturas para os organismos públicos, a fim de compreender as decisões em matéria de gestão patrimonial de infra-estruturas nos organismos públicos e os desafios destes organismos para melhorar a sua tomada de decisões. O estudo da literatura analisou a gestão patrimonial de organismos públicos e foi realizado um estudo de caso para investigar a tomada de decisões de um organismo provincial nos Países Baixos. Além disso, o estudo observou que os principais desafios para conseguir uma gestão eficaz dos activos das infra-estruturas são: o estabelecimento de um alinhamento entre os objectivos, as situações e a intervenção nas infra-estruturas; a formulação de diferentes interesses. Concluíram que os organismos públicos devem prestar mais atenção a objectivos claramente definidos em matéria de infra-estruturas que sejam coerentes com os objectivos políticos estratégicos dos organismos e com os interesses das várias partes interessadas. Além disso, afirmaram que os organismos públicos precisam de desenvolver novas competências e conhecimentos para fazer face aos desafios de uma gestão eficaz dos activos de infra-estruturas. Airin e Elin (2017) realizaram uma pesquisa sobre a gestão eficaz de ativos imobiliários em um ambiente complexo para desenvolver um modelo conceitual que melhora a eficácia da gestão de ativos para a cooperação aeroportuária em relação a fatores críticos, como demandas governamentais, padrões ISO 55000 e indicadores-chave de desempenho. Afirmaram que o aeroporto deixou de ser explorado pelo sector público e passou a ser privatizado ou uma combinação dos dois. Isto implica que as empresas aeroportuárias têm de financiar as suas expansões, razão pela qual os seus activos imobiliários e de infra-estruturas devem ser vistos e geridos como activos valiosos e não apenas como apoio à atividade. No entanto, infelizmente, esta gestão não está estabelecida em muitas das grandes organizações actuais. O estudo argumenta que as organizações e empresas complexas poderiam beneficiar potencialmente da incorporação de uma abordagem estratégica com acções tácticas, desafios como a definição de papéis e responsabilidades poderiam ser ultrapassados por efeitos de sinergia capturados, resultando num desempenho global elevado e numa gestão mais eficaz. O estudo defende a necessidade de as empresas do sector público adoptarem uma abordagem de governação do sector privado no que respeita à gestão de activos, a fim de satisfazer a procura do governo e garantir o interesse dos acionistas. Além disso, o estudo fornece outra perspetiva sobre a forma como as empresas do sector público podem tornar os seus activos mais eficazes através de uma utilização mais ampla dos instrumentos de gestão utilizados no sector privado para gerar uma maior rentabilidade.

Infra-estruturas de alta qualidade são uma parte fundamental do incentivo a uma maior produtividade e competitividade em qualquer economia nacional (Hardwicke, 2010). No entanto, a exploração dos activos de infra-estruturas e dos edifícios constitui a principal despesa financeira e consome muitos recursos (Mandele, Walker, & Bexelius, 2016). Por conseguinte, para evitar contratempos financeiros, é necessária uma gestão eficaz destes activos. O desenvolvimento e a entrega de activos de infra-estruturas requerem normalmente um planeamento significativo e longos prazos de execução, o que os torna um desafio para qualquer organização, especialmente para organizações grandes e complexas. A gestão dos ativos de infraestruturas visa alcançar objetivos e eficácia a longo prazo (Too & Too, 2010) e representa o equilíbrio ideal entre os custos do ciclo de vida dos ativos e os requisitos, necessidades e aspirações das partes interessadas (Bourke, 2015). Airin e Elin (2017), no entanto, enfatizaram que a adoção e implementação adequadas das normas ISO55000 serão vantajosas para resolver os problemas de gestão patrimonial de infraestruturas.

2.3.4. Gestão dos activos das infra-estruturas

A gestão dos activos de infra-estruturas é o conjunto integrado e multidisciplinar de estratégias para a manutenção dos activos de infra-estruturas públicas, tais como estradas, pontes, redes de serviços públicos (eletricidade e telefone), caminhos-de-ferro, barragens, linhas de esgotos, estações de tratamento de água, condutas, etc. A gestão das infra-estruturas, segundo Adetayo (2018), é o planeamento coordenado e sistemático, o financiamento, a programação dos investimentos, a conceção, a construção, a manutenção, as operações, a avaliação, a integração e o conjunto multidisciplinar de estratégias para sustentar os activos das infra-estruturas públicas.

A gestão de activos organiza e implementa estas estratégias com o objetivo fundamental de preservar e prolongar a vida útil das infra-estruturas vitais para manter e aumentar a qualidade de vida da sociedade e estimular o crescimento económico.

Ajakaiye (2018) afirma que os activos de infra-estruturas são desenvolvimentos físicos como estradas, edifícios, pontes, redes eléctricas, redes telefónicas, indústrias, instalações médicas, instalações educativas, instalações desportivas, mercados, etc., necessários para o bom funcionamento de uma comunidade. O objetivo da gestão dos activos de infra-estruturas é garantir que os activos de infra-estruturas adquiridos para utilização pública sejam funcionais durante todo o seu ciclo de vida. As infra-estruturas são a estrutura física e organizacional de base necessária ao funcionamento de uma sociedade. São estruturas e serviços técnicos que apoiam a sociedade.

Os activos de infra-estruturas são adquiridos com fundos públicos ou através de parcerias público-privadas (PPP). Há uma necessidade significativa de novas infra-estruturas, tanto nas economias desenvolvidas como nas economias em desenvolvimento, devido ao desgaste provocado por uma utilização prolongada ou por um aumento da população de utilizadores e/ou pela obsolescência (Aderibigbe, 2015). Prevê-se que, entre 2014 e 2025, sejam gastos a nível mundial quase 78 biliões de dólares em projectos de capital e fornecimento de infra-estruturas. Com os governos de todo o mundo sobrecarregados com elevados níveis de dívida, é provável que menos projectos de infra-estruturas sejam financiados publicamente (AMP Capital, 2019). É fundamental que os activos de infra-estruturas existentes inadequados sejam bem geridos para satisfazer as necessidades públicas através da reabilitação e reparação dos activos de infra-estruturas existentes.

Além disso, a utilização crescente de novas tecnologias em activos de infra-estruturas cria novos tipos de riscos que nunca existiram e, por conseguinte, os métodos para os gerir são relativamente desconhecidos (Adegboye, 2017). As práticas actuais de gestão de activos geralmente negligenciam a tomada em consideração destes riscos e os métodos tradicionais de os analisar e gerir têm-se revelado menos eficientes (Komljenovic, Gaha, Langheit e Bourgeois, 2016). A avaliação do potencial de ocorrência de cada tipo de risco baseia-se no estudo do sistema e dos seus componentes e da sua interconectividade. Os elementos-chave do tratamento do risco nas infra-estruturas podem ser resumidos em duas categorias principais: avaliação e gestão do risco (Holodny, 2015). A avaliação do risco consiste em investigar o sistema e detetar o potencial de falha do mesmo em diferentes aspectos. A gestão do risco consiste em adotar medidas para minimizar os impactos negativos da falha depois de esta ter ocorrido. É fundamental ter em mente que uma gestão de riscos eficaz se baseia numa avaliação de riscos de qualidade que, por sua vez, depende de

a) Dados suficientes sobre o sistema, o seu historial, os seus pontos fortes e fracos

b) Informação suficiente sobre os parâmetros económicos, políticos, regulamentares e climáticos do país de acolhimento que podem ter um impacto direto ou indireto no ativo.

c) Detetar os potenciais efeitos mútuos dos componentes do sistema uns sobre os outros

d)Ter desenvolvido vários cenários para lidar com os riscos, caso ocorram (Nnodim, 2018).

2.3.5 Gestão da manutenção dos activos de infra-estruturas

Para assegurar um processo eficaz de gestão da manutenção, as organizações de infra-estruturas não podem evitar a necessidade de introduzir tecnologias para monitorizar o estado dos seus activos e prever quando estes irão falhar. Esta evolução sugere que as organizações devem ser proactivas na procura das melhores tecnologias para o seu objetivo (Too 2012). Para além disso, devem garantir que os seus funcionários estão bem formados para explorar e utilizar as novas tecnologias introduzidas. Por conseguinte, as infra-estruturas organizações devem investiros seus escassos recursos para desenvolver a sua capacidade de absorção tecnológica (TACAP) através da aquisição, assimilação, transformação e exploração da tecnologia disponível para reforçar o seu processo de gestão da manutenção (Blazey, Gonguet & Stokoe, 2012). A gestão eficaz A gestão eficaz da manutenção, sendo o processo central da gestão das infra-estruturas, pode assim criar valor para as organizações de infra-estruturas, independentemente da estrutura de propriedade. As necessidades de manutenção e gestão de activos são particularmente salientes num contexto de envelhecimento das infra-estruturas, especialmente em algumas economias avançadas (FMI 2014b). O desafio para as organizações é a necessidade de manter, e muitas vezes aumentar, a eficácia operacional, as receitas e a satisfação dos clientes, reduzindo simultaneamente os custos de capital, de funcionamento e de apoio (Mitchell, 2012). Muitas PME simplesmente não sabem como melhorar os processos de manutenção ou, se sabem, pensam que isso lhes vai custar muito caro e esta perceção é contrária aos factos. Os processos e programas de manutenção e fiabilidade enquadram-se na ISO 55000. A nova norma não se refere à manutenção e à fiabilidade, mas abrange todo o ciclo de vida dos activos: conceção, engenharia, aquisição, instalação, arranque, funcionamento, manutenção, restauro, desativação e eliminação. A norma ISO 55000 exige que uma organização estabeleça planos de gestão do ciclo de vida que incluam o risco associado ao ativo específico e as consequências desse risco. O processo de determinar quando é que as máquinas irão falhar ajuda a determinar o ciclo de vida dos activos e a forma de os gerir eficazmente. A série ISO 55000 coloca uma forte ênfase na melhoria contínua e na ação preventiva e estes requisitos são apresentados na Secção 10 da ISO 55001. As normas ISO 55000 propõem que a gestão de activos garanta que os activos cumpram o objetivo pretendido. As organizações devem desenvolver e implementar processos que relacionem o desempenho e a finalidade dos activos com os objectivos organizacionais, implementando estes processos para assegurar a capacidade ao longo do ciclo de vida dos activos, fornecendo monitorização e melhoria contínua, e fornecendo os recursos necessários e pessoal competente para demonstrar a garantia através da entrada em funcionamento das actividades de gestão de activos durante a execução da estratégia de gestão de activos.

2.3.6 Gestão de activos no contexto da organização

Existem essencialmente dois níveis de gestão patrimonial das infra-estruturas: operacional e estratégico. A gestão operacional dos activos de infra-estruturas trata da atividade prática de manter as infra-estruturas em condições de funcionamento. O nível estratégico envolve a integração das necessidades dos utilizadores, do ambiente e das funções empresariais da organização. No passado, foram utilizados muitos sistemas de gestão de activos, os quais têm capacidades inerentes de análise de investimentos. A maioria destes sistemas é utilizada para monitorizar as condições e, em seguida, planear e programar os seus projectos com base no "pior cenário". Estes sistemas existentes funcionam normalmente a nível operacional e centram-se num ativo específico (Eric e Betts, 2014).

Na realidade, os profissionais contemporâneos são confrontados com considerações sobre objectivos sociais e objectivos políticos, que desempenham um papel importante na atribuição de recursos e no processo de seleção de projectos. O ceticismo público em relação ao governo, combinado com uma preferência crescente nos últimos anos pela utilização de abordagens de gestão do sector privado no sector público, levou a que se exigisse que o governo fosse mais responsável e funcionasse mais como uma empresa privada (FHWA, 1999). Esta mudança obrigou a que a conceção, a aquisição e a tomada de decisões sobre os activos de infra-estruturas se baseassem no valor de toda a vida (National Audit Office, 2005). O valor total da vida útil engloba os aspectos económicos, sociais e ambientais associados à conceção, construção, funcionamento, desativação e, se for caso disso, à reutilização do bem ou dos materiais que o constituem no final da sua vida útil (Mootanah, 2005). Assim, as decisões de gestão dos activos de infra-estruturas devem basear-se numa avaliação adequada das opções, que tenha em conta todos os custos e benefícios ao longo da vida útil de um ativo e incorpore uma análise explícita e a determinação de um nível de risco aceitável (Government of South Australia, 1999). Isto representa o equilíbrio ótimo entre as aspirações, necessidades e requisitos das partes interessadas e os custos ao longo da vida do ativo (Bourke et al., 2005).

Devido à crise económica nos Estados Unidos da América em 2008, muitas agências e autarquias locais foram submetidas a uma enorme pressão para satisfazer as expectativas do público em termos de fiabilidade, segurança e disponibilidade das redes de infra-estruturas com restrições financeiras reduzidas (Arts *et.al*, 2008). A gestão de activos surgiu como uma abordagem que pode ajudar a obter mais valor com menos recursos (Moon et al, 2009). O desempenho das infra-estruturas públicas tem uma forte influência na viabilidade económica e no desenvolvimento social das nações (Scharven *et al.*, 2011).

Além disso, Too et.al. (2006) analisaram algumas das práticas actuais de gestão de activos das agências governamentais na Austrália e concluíram que estas agências utilizavam uma abordagem estratégica, apesar dos diferentes enquadramentos adoptados na prática. Por um lado, o público espera um serviço de alta qualidade e a melhoria contínua das infra-estruturas. Por outro lado, os proprietários dos activos ou os reguladores, frequentemente o governo, querem limitar a despesa em infra-estruturas custos de manutenção através da introdução de novas regulamentações e, ao mesmo tempo exigindo a salvaguarda de o interesse público (Wijnia e Herder, 2009).

Devido a esta pressão, a gestão de activos gestão de activos tem merecido a atenção de muitos operadores de infra-estruturas para a gestão de activos gestão de activos políticas de gestão de activos. Afinal de contas Afinal, a gestão de activos é a profissão de equilibrar o custo, o desempenho e o risco ao longo do ciclo de vida de um ativo (Van der Velde et.al, 2013). No entanto, quando se entra nos pormenores do sistema de infra-estruturas, torna-se claro que o funcionamento total das infra-estruturas não depende apenas dos activos físicos, mas também de outros elementos como a informação, os meios financeiros, os aspectos humanos e os aspectos intangíveis. Por conseguinte, não é de surpreender que a gestão de activos tenha sido adoptada pelas organizações de infra-estruturas como um mecanismo para reconhecer os valores dos seus activos com base nas exigências contraditórias que têm de ser geridas.

2.3.7 Gestão e manutenção de activos em organismos públicos

Não existe um acordo geralmente aceite entre os académicos relativamente à definição de agências públicas. Assim, Amara (2009) afirmou que as agências públicas são essencialmente organizações públicas que surgiram como resultado da atuação do governo na qualidade de empresário. Amara (2009) afirmou ainda que incluem paraestatais, empresas públicas e corporações estatutárias. Além disso, Ezeani (2006) opinou que as agências públicas são definidas como organismos legalmente constituídos que operam serviços de carácter económico ou social, ou ambos, em nome do governo.

Ezeani (2006) afirmou ainda que, apesar de serem largamente autónomas na sua gestão, estão sujeitas a diferentes tipos de controlo governamental e são também caracterizadas por diferentes graus de apoio financiado por fundos públicos. Ozor (2006) afirmou que o termo agência pública denota uma organização que opera ou é suposto operar segundo princípios comerciais, total ou parcialmente detida e efetivamente controlada pela autoridade pública.

Esta definição enfatiza o tipo de agências públicas que são orientadas comercialmente e, portanto, menos abrangentes.

As agências públicas combinam as caraterísticas da administração pública com os principais atributos da empresa privada. A criação destas agências resulta do desejo de infundir mais flexibilidade e eficiência na organização de algumas actividades governamentais. Importa sublinhar aqui que, enquanto a função pública existe pela mesma lei (autoridade), as agências públicas governamentais são criadas por leis distintas (Ezeudu, 2011). É por isso que Laleye (2010) afirmou que uma agência pública é uma organização criada como um órgão corporativo e como parte do aparelho governamental para objectivos empresariais ou semelhantes aos empresariais. Além disso, Sosna (2015) opinou que existem muitas razões pelas quais, nos países capitalistas desenvolvidos, não existe uma definição padrão única de agência pública. Sosna também afirmou que as agências públicas foram criadas em diferentes períodos e que cada época trouxe naturalmente os tipos de agências públicas que mais claramente correspondem às suas condições.

Obadan e Ayodele (2008) consideraram que as agências públicas são organizações cuja função principal é a produção e venda de bens e/ou serviços e nas quais o governo ou outras agências controladas pelo governo não têm uma participação suficiente para assegurar o seu controlo sobre as agências, independentemente da forma como esse controlo é ativamente exercido. Além disso, Cheng (2009) afirmou que o termo agência pública é utilizado para qualquer empresa que seja propriedade exclusiva do governo ou de outras empresas públicas ou que seja propriedade conjunta do governo ou de outras empresas públicas e de particulares, desde que a secção pública detenha mais de 50% do capital/acções. Além disso, Cheng (2009) afirmou que, legalmente, a agência pública é tratada como uma parte importante da estrutura governamental, com orçamentos anuais, planos de investimento críticos, nomeação de pessoal de alto nível, gestão de pessoal, auditoria financeira e até mesmo assuntos quotidianos, todos sob rigorosa regulamentação e supervisão dos órgãos e processos governamentais relevantes.

Além disso, o Construction Industry Development Board CIDB (2007) delineou duas categorias de manutenção: a manutenção de rotina para garantir que os activos de infra-estruturas funcionem como inicialmente previsto de forma duradoura, e a manutenção de capital, realizada para reabilitar ou renovar activos para prolongar a sua vida e capacidade. No entanto, o CIDB (2007) afirma que a manutenção tem sido frequentemente negligenciada pelos seguintes motivos

i. Razões político-económicas; os governos optarão por cortar a fita em vez de manter os activos existentes, com a perceção generalizada de que a primeira opção atrairá mais votos do que a segunda;

ii. Razões orçamentais: o financiamento orçamental para operações e manutenção é suscetível de ser cortado quando a margem orçamental é limitada, em favor de despesas não discricionárias;

iii. Razões institucionais: em muitos países, os orçamentos de investimento e de despesas correntes continuam a ser elaborados por organismos distintos (sendo a manutenção de rotina incluída no segundo e a manutenção de capital no primeiro) sem uma perspetiva integrada a médio prazo, o que conduz a um desfasamento ao longo do tempo entre os activos das infra-estruturas e a necessidade da sua exploração ou manutenção; e

iv. Razões de capacidade: a informação actualizada sobre o estado dos activos pode não estar prontamente disponível, particularmente nos países de baixo rendimento.

2.4 Indicadores-chave de desempenho de acordo com a norma ISO 55000 necessários para uma gestão e manutenção eficazes e eficientes dos activos das infra-estruturas públicas

Quando a gestão de activos deixou de ser apenas uma técnica de gestão de activos para passar a ser um plano estratégico, a eficiência e a eficácia passaram a ser mais importantes. Aspectos como o desempenho foram medidos e provaram ser úteis para relacionar uma melhor gestão e um aumento da produtividade (White, 1996). De um modo geral, os KPIs associados ao sector imobiliário dividem-se em quatro categorias diferentes: KPIs físicos, relacionados com os custos, de rentabilidade e de clientes. Para além disso, nos últimos anos, um quinto indicador também tem sido muito reconhecido - os KPIs suaves (Danielsson, 2004).

1) **KPIs físicos**: são valores que dizem respeito a variáveis físicas, como os empregados, o espaço e o local de trabalho, por exemplo, espaço/empregado ou espaço/local de trabalho. Este tipo de indicador não tem um aspeto de custo (Dijick & Widlund, 2003).

2) **KPIs relacionados com os custos**: são valores que ilustram algum tipo de custo, que por sua vez está relacionado com um parâmetro físico. Os custos imobiliários podem ser os custos totais da propriedade, a renda, os custos de funcionamento, os custos de manutenção, os custos de eletricidade, os custos de aquecimento, os custos de limpeza, os custos de reparação, as despesas de ajustamento do inquilino e outros custos relacionados com o imobiliário. Os parâmetros físicos podem ser a propriedade, o espaço, o empregado e o local de trabalho (Dijick & Widlund, 2003).

3) **KPIs de rentabilidade**: referem-se a valores com alguma relação com a atividade principal de uma organização, como o volume de negócios, o lucro, o valor acrescentado ou as vendas, que estão relacionados com uma variável ou um custo relacionado com a propriedade física. Por exemplo, trata-se do valor acrescentado por metro quadrado, do volume de negócios por metro quadrado ou do lucro/posto de trabalho. É de salientar que os KPIs utilizados para imóveis próprios e arrendados tendem a ser diferentes. Os valores para os imóveis próprios centram-se mais frequentemente na gestão, como os custos operacionais e de manutenção. No entanto, os imóveis arrendados são avaliados principalmente através das rendas e do espaço.

4) **KPIs de clientes:** reconhecem até que ponto o desempenho de uma organização está de acordo com o que os clientes esperam e valorizam. O resultado é então comparado com o sucesso de outras empresas e concorrentes na satisfação dos requisitos e exigências dos clientes. Nos últimos anos, os KPIs do cliente têm-se tornado cada vez mais importantes no sector imobiliário e são fáceis de comparar através do Índice de Satisfação do Cliente - CSI (Dijick & Widlund, 2003). De acordo com Danielsson (2004), o quinto e último é o KPIs suave. Uma organização precisa de ser capaz de medir a forma como o espaço operacional está a ser utilizado, tanto numa perspetiva relacionada com os custos, como na forma como as propriedades contribuem para o negócio como um todo. White (1996) salienta a importância de não ter apenas em conta os métodos quantitativos para a avaliação dos activos imobiliários de uma organização, mas também de utilizar variáveis qualitativas ou suaves.

5) **KPIs de qualidade:** podem ser definidos como um aumento da produtividade, estimulação intelectual, atração de pessoal competente, manutenção da atração das instalações e contribuição para a melhoria dos resultados comerciais. Foram efectuados muitos estudos para testar se um local novo e moderno aumenta o desempenho e os resultados. Num estudo realizado no sector da indústria transformadora e do comércio a retalho, White (1996) afirma que é fácil medir as alterações nas receitas, ao passo que para um gabinete de vendas é mais

demorado obter o benefício da retrospetiva, uma vez que o resultado pode dever-se a outros factores. O estudo demonstrou que as vendas da empresa aumentaram 20% devido aos novos escritórios renovados. White (1996) sugere que as organizações efectuem medições durante 6 a 12 meses para produzirem um KPI sem problemas. As medições podem estar relacionadas com temas como as baixas por doença, a facilidade de contratação de novos funcionários, as alterações na produtividade, as opiniões dos funcionários e outros factores.

Estas medidas não geram qualquer valor exato, mas fornecem uma tendência a partir da qual se pode formar uma ideia de como as propriedades funcionam em conjunto com a empresa (White, 1996). De acordo com o governo de New South Wales, as medidas de desempenho dos activos são de dois grupos, como se mostra no Quadro 2, com os indicadores de desempenho necessários para medir a eficácia e a eficiência.

Quadro 2.1: Principais tipos de avaliação do desempenho (Governo de Nova Gales do Sul)

Tipo de medição	de	Definição	Indicador de desempenho
Eficácia		Mede até que ponto o ativo apoia as necessidades dos utilizadores	qualidade, quantidade, segurança, capacidade, adequação ao fim a que se destina, estética, fiabilidade, capacidade de resposta, aceitabilidade ambiental
Eficiência		Mede a qualidade da gestão dos activos	Custos e rendibilidade

Fonte: Too (2011).

2.4.1 A necessidade de indicadores de desempenho na gestão de activos.

O desempenho é um termo utilizado na vida quotidiana, seja na engenharia, na economia ou em muitas outras áreas. Pode ter um significado geral ou um significado específico. O desempenho deve ser uma entidade mensurável. É essencial para avaliar o estado atual e futuro das infra-estruturas, bem como a eficiência da agência/instituição na prestação de serviços e segurança aos utilizadores, a produtividade, a relação custo-eficácia, a proteção do ambiente, a preservação do investimento e outras funções. Os indicadores de desempenho devem estar ligados aos objectivos políticos de uma agência e às metas de execução ou níveis mínimos aceitáveis de desempenho (Guy, Zoubir e Falls, 2009)

Os indicadores de desempenho definem uma medida de mudança para os resultados identificados num quadro. Quando bem escolhidos, indicam se os principais objectivos foram alcançados de forma significativa para a gestão do desempenho. Os indicadores dizem-nos com que padrão os resultados serão medidos (Guy, Zoubir e Falls, 2009). As metas definem se haverá um aumento ou uma diminuição esperados e em que magnitude. Os indicadores de desempenho fornecem provas objectivas de que a mudança pretendida está a ocorrer. Os indicadores de desempenho estão no centro do desenvolvimento de um sistema eficaz de gestão do desempenho. Definem os dados a recolher e permitem comparar os resultados efetivamente alcançados com os resultados planeados ao longo do tempo. Por conseguinte, são uma ferramenta de gestão indispensável para tomar decisões baseadas em dados concretos sobre as estratégias e actividades do programa (Guy, Zoubir e Fall, 2009).

A lógica subjacente à existência de indicadores ou medidas de desempenho é que a disponibilidade limitada de recursos para as infra-estruturas torna necessário afetar esses recursos da forma mais eficiente possível entre alternativas concorrentes. Por conseguinte, qualquer quadro de indicadores de desempenho deve ser suficientemente abrangente para incorporar considerações funcionais, técnicas, ambientais, de segurança, económicas e institucionais. De acordo com Felio Guy e Audrey (2008), os objectivos dos indicadores de desempenho incluem especificamente o seguinte

1. Avaliação do estado físico dos activos
2. Determinação do valor do ativo, que pode variar em função da base contabilística (por exemplo, contabilidade financeira ou de gestão) e do método de avaliação.
3. Um mecanismo de acompanhamento para avaliar as políticas em termos da sua eficácia e/ou conformidade com objectivos políticos predefinidos.
4. Prestação de informações aos utilizadores ou clientes
5. Utilização como ferramenta de afetação de recursos em termos de quantificação da eficiência relativa dos investimentos em alternativas concorrentes
6. Utilização como diagnóstico para a identificação precoce da deterioração acelerada dos activos e das medidas corretivas adequadas.

É pertinente afirmar que os indicadores-chave de desempenho fornecem informações sobre o estado atual do ativo. A capacidade do ativo, as práticas operacionais e a manutenção das condições do ativo contribuem para a capacidade de cumprir estes requisitos de desempenho. Alguns indicadores-chave de desempenho típicos de qualquer estabelecimento público incluem os custos de exploração, a disponibilidade dos activos, os acidentes com baixa, o número de incidentes ambientais e a utilização dos activos. A utilização dos activos é um indicador-chave de desempenho. É uma função de muitas variáveis. Por exemplo, a utilização dos activos é afetada tanto pelo tempo de inatividade relacionado com a manutenção como pelo tempo de inatividade não relacionado com a manutenção. O tempo de inatividade não relacionado com a manutenção pode ser atribuído a uma falta de procura, a uma interrupção no fornecimento de matérias-primas ou a atrasos na programação da produção fora do controlo da função de manutenção. A utilização dos activos é também uma função da taxa de exploração, das perdas de qualidade e de rendimento, etc. Em cada um destes domínios, a manutenção pode ser um fator, mas não é o único contribuinte. Para manter e melhorar o desempenho, cada função da organização deve concentrar-se na parte dos indicadores que influencia (Guy, Zoubir e Falls, 2009).

2.4.2 Manutenção dos activos das infra-estruturas públicas

O processo em que se cuida bem das ferramentas e do equipamento para prolongar a sua vida útil é designado por manutenção. Envolve todas as actividades postas em prática para manter e restaurar o estado dessas instalações. Momoh e Onjewu (2016) definiram a manutenção como qualquer ação ou grupo de acções empreendidas para manter uma instalação em boas condições de funcionamento durante o maior tempo possível. Quando actividades como a reparação, a assistência técnica, a lubrificação, etc., são postas em prática para manter ou restaurar o componente de um item, o item está a ser mantido.

Um dos principais problemas que as organizações e instituições enfrentam atualmente é o facto de as instalações não serem geridas e mantidas de forma adequada. O aspeto físico da maioria das instituições prova e fala alto. Isaach e Musibau (2010) afirmam que os edifícios mal conservados, as paredes desarrumadas, os telhados com infiltrações e os terrenos cobertos de vegetação podem sugerir que a educação nos edifícios segue o mesmo padrão. As instalações tendem a desvalorizar-se, a desgastar-se e a rasgar-se logo que são postas em uso.

Por conseguinte, é necessário efetuar a manutenção através de reparações e de serviços de assistência técnica para garantir condições e capacidades de trabalho eficazes.

Os edifícios, o equipamento e outras instalações das bibliotecas, dos meios de comunicação social e das instituições de saúde devem ser objeto de uma manutenção adequada, a fim de assegurar as suas condições normais de funcionamento. A manutenção evita a deterioração e também elimina os artigos que já não cumprem a função necessária. Momoh e Onjewu (2016) delinearam os objectivos da manutenção das instalações para incluir: -

i. Assegurar que as instalações estão sempre disponíveis para prestar serviços que beneficiem ao máximo os docentes e os estudantes.

ii. Assegurar a prontidão operacional das instalações para um serviço contínuo, de modo a reduzir as perdas que podem resultar do tempo de inatividade.

iii. Para proteger o pessoal operacional e salvar as instalações

iv. Prolongar a utilização das instalações para obter o máximo benefício.

A manutenção implica verificações funcionais, assistência, reparação ou substituição dos dispositivos e equipamentos necessários para que estes desempenhem as funções requeridas. Estas actividades têm lugar em antecipação (preditiva), antes (preventiva) ou depois (corretiva) de uma avaria.

2.5 Desafios/obstáculos à gestão e manutenção dos activos de infra-estruturas na Nigéria

luz de tudo o que foi aqui discutido, é evidente que a ISO 55000 não substitui uma estratégia de manutenção. Por conseguinte, os desafios/barreiras à gestão dos activos e à manutenção são os seguintes

1) Falta de reconhecimento: O primeiro obstáculo à adoção e ao avanço da gestão patrimonial reside no estatuto que é frequentemente conferido à gestão patrimonial de infra-estruturas e aos grupos de manutenção nas organizações. O reconhecimento e o prestígio são sempre atribuídos às actividades de financiamento e investimento de novas construções e desenvolvimentos. Por outro lado, a gestão patrimonial é frequentemente associada apenas à manutenção, ao inventário dos activos e aos serviços conexos, sendo por isso considerada de menor importância estratégica (Eric, 2015).

Consequentemente, o conceito de gestão patrimonial aplicado à organização das infra-estruturas é visto na investigação mais de uma perspetiva operacional (engenharia e manutenção) e funcional da gestão patrimonial do que de uma perspetiva de gestão estratégica e holística. Dada a ênfase dada às ferramentas analíticas e aos modelos técnicos, existe o risco de se chegar à conclusão de que a implementação da gestão patrimonial deve começar pelo desenvolvimento de modelos técnicos mais avançados e de outras ferramentas analíticas que possam comunicar entre si (Eric, 2015).

Esta abordagem da gestão de activos também ignora uma abordagem sistemática que implica reunir uma variedade de activos sob uma única entidade. Este ponto de vista é também partilhado por Stapelberg (2016), que observou que a maioria dos quadros de gestão de activos não tem um enfoque sistémico. O foco está mais nos activos individuais do que nas necessidades de gestão de activos a longo prazo de uma organização. Assim, um argumento convincente contra a progressão do conceito de gestão de activos é a falta geral de interesse de uma organização devido à sua perspetiva operacional e, por conseguinte, não é capaz de contribuir com valor para as suas partes interessadas

2) Iniciação e realização incorrectas das infra-estruturas : As infra-estruturas são apenas meios para atingir um fim e não fins em si mesmas. Antes de serem realizadas, as infra-estruturas devem ser objeto de uma avaliação das necessidades, de um estudo de viabilidade e de um planeamento eficaz. Na Nigéria, a maior parte das infra-estruturas são iniciadas porque estão inscritas nos livros de contabilidade para desviar dinheiro ou como compensação para comparsas e aliados e não porque são necessárias (Ogbimi, 2017).

3) **Falta de acompanhamento e avaliação eficazes dos projectos**: O acompanhamento e a avaliação dos activos de infra-estruturas é um programa de melhoria contínua. "A monitorização e a avaliação (M&A) referem-se ao processo de monitorização de um projeto e à avaliação do impacto que tem na população-alvo para avaliar o sucesso e o impacto do projeto" (Oyedele, 2018). Os ativos de infraestruturas devem ser devidamente monitorizados e avaliados devido às suas funções críticas na comunidade.

4) **Falta de financiamento**: Nos últimos anos, há sinais de deterioração da qualidade das infra-estruturas em algumas economias avançadas. De facto, os países da UE, por exemplo, gastaram 70% do seu investimento público em custos de manutenção associados a investimentos anteriores em infra-estruturas (OCDE, 2014). A agenda de despesas, elaborada para alcançar o Plano Diretor Nacional Integrado de Infra-estruturas (NIIMP) a longo prazo, também prevê que as despesas com a manutenção das infra-estruturas sejam estimadas em 2% do PIB" (Ogidan, 2013). Neste sentido, o Ministro do Planeamento Nacional, Dr. Shamsudeen Usman, declarou que o investimento anual em infra-estruturas terá de aumentar para 25 mil milhões de dólares (cerca de sete por cento do PIB) dos actuais 9 a 10 mil milhões de dólares (cerca de quatro por cento do PIB (Oyedele, 2019). Não são atribuídos fundos suficientes ao financiamento da manutenção dos activos de infra-estruturas na Nigéria. De acordo com Nnodim (2018), a Nigéria necessita de investimentos anuais no valor de N15 mil milhões (N4,59TN a N306 por dólar) durante 15 anos para desenvolver adequadamente as suas infra-estruturas a nível nacional (Oyedele, 2019).

5) **Má qualidade das infra-estruturas**: A maioria dos activos de infra-estruturas é de má qualidade. A entrega de activos de infra-estruturas envolve engenharia, aquisição, construção, instalação e colocação em funcionamento (EPCIC). A engenharia envolve a conceção, o planeamento e o desenho da infraestrutura. Após a conceção, o planeamento e o desenho, procede-se à aquisição dos activos de infraestrutura. O problema da qualidade dos ativos de infraestruturas na Nigéria tem origem na conceção, planeamento e design (Oyedele, 2019).

6) **Falta de conhecimentos técnicos**: A Nigéria carece de conhecimentos técnicos para gerir os seus activos de infra-estruturas. Por exemplo, os activos de infra-estruturas como o equipamento de saúde, o equipamento de transmissão de rádio e os activos de infra-estruturas de telecomunicações são, na sua maioria, importados para a Nigéria. A sua manutenção é dificultada pelo facto de este equipamento não ser fabricado na Nigéria. As peças dos produtos necessárias para a reparação e a revisão podem estar obsoletas no momento em que ocorrem os danos (Oyedele, 2019).

7) **Falta de enquadramento jurídico**: A manutenção exige um quadro jurídico sobre quem deve ser responsável. Nalguns casos, os fornecedores ou empreiteiros devem ser obrigados, através de contrato, a ficar responsáveis pelos activos da infraestrutura durante um período mínimo de cinco anos. No entanto, a cláusula de retenção ou o período de garantia geralmente estipula que o empreiteiro ou o fornecedor de produtos e bens será responsável pela reparação ou substituição durante um período de seis meses (o período de garantia das casas construídas na Grã-Bretanha é de dez (10) anos, de acordo com a garantia Buildmark do National House Building Council (NHBC)) (Oyedele, 2019).

8) **Tecnologia**: A tecnologia para a manutenção eficaz das infra-estruturas na Nigéria é

escassa (Oyedele, 2012). As pavimentadoras de estradas asfálticas modernas, os radiadores agitadores tipo lodo, o equipamento de limpeza de fachadas de edifícios altos e as cortadoras de betão são escassos na Nigéria (Oyedele, 2012).

9) Falta de economia de manutenção: De acordo com o jornal This Day (2018), durante um seminário realizado para comemorar a Semana Mundial de Gestão de Instalações em Lagos, a 28 de maio de 2018, parte da comemoração da Semana Mundial de Gestão de Instalações, o Ministro da Energia, Obras Públicas e Habitação, Babatunde Fashola, afirmou que "o maior desafio da economia nigeriana era a incapacidade persistente de articular um quadro político nacional e subnacional sustentável que garantisse a manutenção regular e eficaz dos bens públicos, edifícios, infra-estruturas de serviços públicos e instalações" (Ajakaiye, 2018). É necessário construir uma economia de manutenção que seja mais do que uma cultura de manutenção. A economia da manutenção é a conservação de materiais por cada indivíduo envolvido na manutenção para garantir a utilização adequada de peças e mão de obra, conduzindo à durabilidade dos activos de infra-estruturas (Ajakaiye, 2018).

10) Mau ambiente político: O ambiente político na Nigéria continua a ser turbulento. O sector privado continua a ter dificuldade em negociar com os governos a crédito porque os clientes do sector público não pagam atempadamente as infra-estruturas adquiridas (Oyedele, 2019).

11) Fraco patrocínio das PPP: As Parcerias Público-Privadas (PPP) estão ainda numa fase rudimentar na Nigéria. As PPP podem ser um instrumento para prestar os tão necessários serviços de infra-estruturas (Banco Mundial, 2019). De acordo com o Banco Mundial (2018), "2017 foi um bom ano para os investimentos da Participação Pública em Infra-estruturas (PPI) nos países da AID. Os investimentos da participação privada em infra-estruturas (PPI) nos países da Associação Internacional de Desenvolvimento (IDA) totalizaram 7,9 mil milhões de dólares em 35 projectos em 17 países em 2017, em comparação com 2,9 mil milhões de dólares em 2016 em 18 projectos em 10 países. Na Nigéria, a contribuição do sector privado para o financiamento de activos de infra-estruturas públicas é inferior a 100 milhões de dólares em 2018 (Oyedele, 2018).

2.6 Factores determinantes para a gestão e manutenção de activos

Enquanto proprietários, operadores e responsáveis pela manutenção dos activos de infra-estruturas, as organizações de infra-estruturas assumem uma responsabilidade significativa na garantia do bom desempenho dos activos para satisfazer as necessidades de serviço dos seus clientes e as expectativas das partes interessadas. No entanto, o desafio da manutenção só pode ser plenamente enfrentado indo além das soluções técnicas. É necessário um forte empenho governamental na manutenção para garantir que as infra-estruturas públicas sejam mais duradouras, mais sustentáveis e, com o tempo, mais económicas (CIDB 2007). No entanto, a manutenção de registos actualizados sobre os bens públicos é um ponto cego para muitos governos. Trata-se de uma tarefa tecnicamente exigente . Por conseguinte, qualquer organização de infra-estruturas deve esforçar-se por melhorar as suas operações, seja do ponto de vista da satisfação do cliente, do aumento da produtividade, da melhor qualidade dos activos, do melhor desempenho ambiental ou de qualquer outra série de indicadores de desempenho (Eric, 2011). Para que a gestão de activos se torne uma verdadeira atividade de valor acrescentado no âmbito de uma empresa, deve ter como principal objetivo desempenhar um papel estratégico, ou seja, um gestor de activos deve ser proactivo e não reativo na sua abordagem. Devem ser capazes de prever as necessidades das suas organizações e fazer planos que apoiem os objectivos da organização no futuro (Eric, 2011).

Esta visão estratégica é importante porque adopta uma perspetiva a longo prazo do desempenho e do custo das infra-estruturas. Ter uma perspetiva estratégica é "a determinação das metas e objectivos de longo prazo de uma organização, e a adoção de cursos de ação e a alocação de recursos necessários para a realização desses objectivos" (Chandler, 2014). Assim, a gestão estratégica dos activos de infra-estruturas deve visar a consecução dos objectivos organizacionais a longo prazo e a eficácia através do alinhamento dinâmico dos activos de infra-estruturas necessários para satisfazer as necessidades dos clientes em constante mudança. Assim, é fundamental prever as necessidades futuras de activos e desenvolver estratégias que permitam uma resposta atempada (Eric, 2011).

Mecanismos de gestão de activos

São variáveis que devem levar a mudanças no ambiente interno de uma organização no sentido da aceitação da implementação do sistema (Wesam, Keith, Amy e Omar, 2020). Esta componente tem dois grupos: cultura de gestão de activos e estratégias e planeamento. Os processos são variáveis funcionais para operar os sistemas numa organização. Esta componente tem três grupos: informação de qualidade e análise, planeamento e programação, e métodos de entrega (Wesam, Keith, Amy, e Omar, 2020).

1) Abordagem holística: Uma abordagem holística está intimamente ligada aos objectivos do desenvolvimento sustentável. Nesta abordagem, os aspectos económicos, sociais e ambientais relacionados com a conceção, construção, operação, desativação e reutilização do bem ou dos seus materiais constituintes (se aplicável) no final da sua vida útil são tidos em consideração durante a tomada de decisões (Mootanah, 2005). Ou seja, o predomínio das preocupações financeiras nas abordagens convencionais é substituído por uma profunda consideração dos impactos ambientais e sociais durante a gestão dos activos de infra-estruturas, e os objectivos a longo prazo são substituídos por soluções temporárias (Tafazzoli, 2017)

Uma abordagem holística é mais difícil de adotar nos países em desenvolvimento, onde o crescimento rápido (e não necessariamente sustentável) tem uma prioridade elevada. Além disso, nestes países, a escassez de orçamento dá maior peso às questões económicas e não às questões ambientais e sociais. Ao ter em conta as consequências a longo prazo, os decisores podem tomar consciência das consequências ameaçadoras, se os resultados sociais e ambientais forem subestimados. Para que tal aconteça, os custos e benefícios relativos a cada um dos três pilares da sustentabilidade devem ser bem estudados ao longo da vida útil dos activos (Clift e Butler, 1995).

A relação custo-eficácia das medidas sustentáveis só pode ser explicada se os custos do ciclo de vida forem incluídos e se as decisões não se basearem principalmente nos custos iniciais. Compreender a importância desta consideração a longo prazo é crucial para os decisores quando comparam diferentes cenários. Esta abordagem é bem-sucedida num sistema estável, capaz de seguir e lutar por objectivos a longo prazo; um sistema em que os efeitos a longo prazo das decisões têm um peso adequado ao definir os critérios de escolha entre diferentes cenários possíveis (Tafazzoli, 2017).

2) Gestão integrada do sistema: Os sistemas de infra-estruturas são geralmente uma combinação de redes complexas e interdependentes (Halfway, 2010) e diferentes estudos salientaram a importância da adoção de abordagens integradas à gestão das infra-estruturas (Grigg et al, 1999). As novas abordagens evolutivas da gestão patrimonial das infra-estruturas consideram o sistema como um sistema universal de redes e de todos os seus componentes (Asset Management Primer, 1997). Isto contrasta com os sistemas tradicionais de gestão das infra-estruturas, em que as instalações são consideradas ao nível de um único sistema. Um indicador de um sistema eficiente de gestão patrimonial de infra-estruturas é a análise das infra-estruturas como sistemas interrelacionados. Isto pode acontecer através de efeitos de acoplamento e correlações entre projectos individuais e os objectivos da rede (Rinaldi, Perenboom e Kelly, 2001).

Halfway (2010) argumentou que a implementação bem-sucedida de estratégias de gestão de infra-estruturas depende da capacidade de integrar, partilhar e gerir eficazmente os dados relativos às infra-estruturas dentro e entre diferentes departamentos. Outro elemento-chave para estabelecer esta integração é o gestor do sistema, que deve servir de integrador, interagindo e interpretando os resultados provenientes de vários sistemas (Danylo e Lemar, 2008). Alguns dos elementos-chave da gestão integrada de activos incluem: um) estratégias de gestão rentáveis, dois) um nível definido de serviço e monitorização do desempenho, três) a compreensão do impacto do crescimento e quatro) a atualização do registo de activos através do apoio de um sistema integrado (Sitzabee e Hanley, 2013).

3) Recolha, processamento e partilha de dados contínuos e precisos: A acessibilidade a dados fiáveis e precisos é uma componente essencial da gestão eficaz dos activos das infra-estruturas. A qualidade desta gestão depende estreitamente da qualidade dos dados que descrevem os diferentes aspetos do sistema, uma vez que, quando a tomada de decisões se baseia nos dados reais que descrevem o sistema, o recurso a juízos pessoais e a suposições será minimizado (Tafazzoli, 2017).

Halfway (2010) refere quatro grandes problemas existentes na forma como os dados são trocados nos sistemas de infra-estruturas. Com base nos problemas que abordou e noutros estudos semelhantes, um intercâmbio de dados melhorado para gerir a infraestrutura deve ter as seguintes caraterísticas 1. Basear-se numa recolha de dados suficiente e eficiente

2. Utilizar tecnologia que minimize os erros humanos na recolha, processamento e partilha de dados

3. Armazenar os dados de forma consistente e disponível para todas as partes que os utilizam, de modo a minimizar a duplicação de dados e a minimizar o julgamento pessoal na interpretação dos dados

4. Minimizar a necessidade de traduzir os dados e de os reintroduzir em diferentes ferramentas de software para minimizar os erros e a perda de tempo no processamento de dados

5. Ser abrangente para dar uma imagem completa que descreva todos os aspectos do sistema e minimize a probabilidade de ignorar as caraterísticas do sistema e a sua interconectividade.

De acordo com Halfway (2010), o acesso fácil aos dados, ferramentas e conhecimentos da rede de infra-estruturas é outro elemento-chave para melhorar a integração e a colaboração na gestão patrimonial das infra-estruturas. Este facto tem as seguintes vantagens:

1) Abre caminho para que as numerosas agências e empresas públicas e privadas que possam estar envolvidas nos projectos de infra-estruturas colaborem de forma mais eficiente, recorrendo às mesmas fontes de dados.

2) Minimiza a necessidade de recolha de dados redundantes, fornecendo bases de dados unânimes disponíveis para todos, o que conduz a poupanças orçamentais.

3) Maximiza a eficiência do trabalho com os dados e evita discrepâncias entre os componentes do sistema causadas pelo trabalho com os dados recolhidos de diferentes fontes.

4) Pode melhorar potencialmente a qualidade dos dados, criando a possibilidade de controlo cruzado.

É necessário estabelecer uma abordagem eficiente de partilha de dados, que não seja necessariamente dispendiosa, em países em desenvolvimento. Esta abordagem deve facilitar o acesso aos dados e às ferramentas, proporcionar uma rede segura e obrigar as agências privadas a comunicar os dados gerados durante os projectos para uma melhoria contínua dos dados (Tafazzoli, 2017).
4) **Afetação eficiente dos recursos:** As preocupações crescentes comuns sobre o esgotamento ou a escassez de recursos, para além da procura crescente de mais recursos, explicam a necessidade de uma afetação eficiente dos recursos (Tafazzoli, 2016). Além disso, o desempenho do sistema é altamente afetado pela forma como os recursos são distribuídos entre os seus componentes. Como afirmado por Too (2011), "O desafio para as organizações de infraestrutura é identificar e investir seus recursos limitados para desenvolver as capacidades certas na gestão de sua capacidade de infraestrutura".
A abordagem principal da afetação de recursos exige que os proprietários de bens afectem recursos entre objectivos e objectos válidos e concorrentes para maximizar os impactos positivos. Avaliar o valor exato e a importância de numerosas escolhas e a sua contribuição para a comunidade é uma solução para a tomada de decisões em tais situações. Isto só pode acontecer se estiver disponível informação adequada sobre as necessidades actuais e futuras e se houver uma visão alargada para dar prioridade às opções. O processo evolutivo dos modelos heurísticos para alocação de recursos também se baseia na recolha contínua de dados e na medição do desempenho (Tafazzzoli, 2017). 5) **Melhoria contínua:** A melhoria contínua pode ocorrer em diferentes aspetos relacionados com o serviço que a infraestrutura está a prestar. Alguns exemplos de melhoria que devem ser visados são a satisfação do cliente, a produtividade, a qualidade, o desempenho ambiental e outros indicadores de desempenho (Too, 2011). Relativamente aos materiais, deve ser incentivada a escolha de fornecedores que tenham como prioridade políticas de fabrico ecológicas (Tafazzoli, 2016).
Em alguns países em desenvolvimento, a gestão baseia-se mais na experiência pessoal e é afetada por restrições de recursos e pela tradição. Neste tipo de gestão, um sistema é bem sucedido ou o desempenho é satisfatório se conseguir satisfazer um determinado nível de expectativas, ultrapassando os problemas prováveis que podem bloquear o bom desempenho do sistema. Numa abordagem de sistema otimizado, no entanto, os objetivos vão além disso e a gestão visa procurar oportunidades para otimizar os sistemas, atualizando, reduzindo os seus custos e melhorando a sua qualidade ou duração de serviço (Tafazzoli, 2017). Um passo substancial para otimizar a gestão de ativos de infraestrutura é melhorar a qualidade das ferramentas analíticas e minimizar a análise baseada em suposições. Esta abordagem baseia-se no exame dos componentes do sistema, no estudo das possíveis hipóteses de melhoria e na tentativa de implementar práticas bem sucedidas. Uma prática eficaz consiste em desenvolver e testar os dados analíticos e os sistemas de gestão antes de efetuar um investimento significativo. (Switzer e McNeal, 2004).
6) **Minimizar a necessidade de criar novas infra-estruturas**: Um indicador de uma gestão eficiente dos activos é a manutenção da qualidade do serviço prestado à comunidade através da maximização da eficiência das infra-estruturas existentes. Subestimar a importância da manutenção eficiente das infra-estruturas existentes para satisfazer as crescentes exigências da comunidade resultará na preferência pela criação de novas infra-estruturas que geram custos enormes e impedem os governos de acompanhar o ritmo do desenvolvimento (Tafazzoli, 2017). De acordo com Cagle (2003), uma manutenção eficaz contribui significativamente para a gestão sustentável das infra-estruturas ao prolongar a vida útil dos activos. Nesta

abordagem, a manutenção é efectuada em determinados intervalos, e a reabilitação e as renovações são realizadas em intervalos mais longos. Através destas medidas, a curva de deterioração será reiniciada para aumentar a vida útil do ativo (Cagle, 2003).

As restrições orçamentais tornam difícil decidir se se deve optar por gastar mais em factores técnicos inicialmente ou se se deve investir menos e afetar mais orçamentos à manutenção do sistema. Uma estrutura de maior qualidade é mais dispendiosa, mas pode reduzir os custos de manutenção. Por outro lado, os custos de reparação e manutenção podem ser razoáveis para decidir escolher uma estrutura menos dispendiosa que pode exigir mais custos de reparação (Dana, 2001).

Para além de uma manutenção eficiente, para minimizar a necessidade de criar novas infra-estruturas, os planos de expansão ao longo do tempo desempenham um papel significativo. Esses planos exigem estudos exaustivos de pré-conceção para prever a procura pública da infraestrutura a diferentes intervalos. A utilização de dados de projectos semelhantes para prever as necessidades é uma solução comum. Tanto a manutenção eficaz como os planos de expansão baseiam-se em informações de qualidade sobre a rede, no tratamento de dados históricos e numa programação e afetação orçamental eficientes (Tafazzoili, 2017).

7) **Acompanhamento da medição do desempenho**: Para prosseguir a melhoria contínua, é essencial avaliar o desempenho do sistema para atingir os objectivos pretendidos. Esta avaliação é possível através da definição de indicadores de desempenho e da medição do sistema para verificar a sua capacidade de os fornecer. Por outras palavras, o objetivo da medição do desempenho é garantir a realização dos objectivos definidos na fase de análise estratégica (Too, Betts e Arun, 2006). De acordo com Too, Betts e Arun (2006), num sistema de elevado desempenho, os proprietários dos activos e as partes interessadas recebem o valor total do seu investimento (Too, 2011).

8) **Gestão eficiente dos riscos:** Piyatrapoomi, Kumar e Setunge (2004) argumentaram que o objetivo da avaliação do risco é prever os efeitos negativos ou os riscos, de modo a que as consequências adversas possam ser minimizadas. Tendo em conta a magnitude dos projectos de infra-estruturas, pode haver inúmeros riscos que podem ameaçar os activos em diferentes fases da vida do projeto e com diferentes níveis de gravidade. Identificar e classificar os riscos em diferentes categorias é um passo fundamental para a gestão sistemática dos riscos (Al-Bahar e Crandall, 1990).

2.7 Desempenho da gestão dos activos públicos

Tal como na maioria das organizações, a principal razão para a existência da gestão de activos de infra-estruturas (ISO 55000) nas organizações é a manutenção do valor a longo prazo para os acionistas. Assim, é justo dizer que os acionistas estão constantemente à procura de retorno financeiro para o seu dinheiro investido em infra-estruturas. O retorno financeiro dos activos de infra-estruturas foi considerado importante na gestão dos activos de infra-estruturas por todos os informadores (Eric, 2010). No entanto, Cokins (2004) advertiu que o retorno financeiro deve ser o objetivo final e que o foco excessivo nos objectivos financeiros é desequilibrado porque os objectivos não financeiros podem influenciar os resultados finais.

O que precede sugere que, na formulação dos objectivos da gestão dos activos de infra-estruturas, é importante ter em conta os valores das partes interessadas. Duas categorias óbvias de partes interessadas, ou seja, os clientes e os proprietários/investidores, são fundamentais para as organizações que gerem activos de infra-estruturas (Eric, 2010). Outras partes interessadas, como gestores, trabalhadores, fornecedores, a comunidade e o público em geral, podem também ter de ser consideradas. Existem muitos conflitos de objectivos entre as diferentes partes interessadas na gestão dos activos de infra-estruturas. Estas diferenças devem ser reconhecidas e resolvidas. No final, as metas e os objectivos a que se chega devem ser o resultado das interações e do consenso entre as várias partes interessadas. Segundo Eric (2010), é evidente que os objectivos não podem incluir todos os factores que são importantes para todas as partes interessadas. Consequentemente, os objectivos de gestão patrimonial das infra-estruturas devem abordar algumas dimensões que reflictam o interesse de uma vasta gama de partes interessadas, tais como

1) **Gestão da capacidade**: A ISO 55000 ajudou todos os activos de infra-estruturas a serem utilizados de forma adequada e eficaz, a proporcionar o máximo retorno dos fundos investidos e a fornecer o nível de serviço exigido (IPWEA, 2006). Permite uma elevada utilização dos activos. Por conseguinte, é necessário gerir a capacidade para garantir que não haja falhas de capacidade (ou seja, a procura de um ativo de infraestrutura excede a sua capacidade) ou subutilização do ativo de infraestrutura (esta falha representa uma falta de procura do serviço que o ativo de infraestrutura fornece) (NAMS, 2004). A gestão da capacidade terá permitido a realização de modelos preditivos sobre a capacidade dos activos de infraestrutura para satisfazer as necessidades futuras. Além disso, as organizações precisam de gerir a sua capacidade para apoiar as operações comerciais (Eric, 2010)

2) **Planeamento da manutenção**: A ISO 55000 maximizou a oportunidade de reduzir as despesas de manutenção que existem na área do planeamento da manutenção do processo global de manutenção (NSW Treasury, 2004). A necessidade de efetuar a manutenção é um requisito fundamental para qualquer organização de infra-estruturas. A gestão de activos tem proporcionado a manutenção necessária para ter um impacto significativo nos custos e nas operações (Eric, 2010).

O planeamento da manutenção é também reconhecido a todos os níveis da indústria como um fator-chave de negócio devido à crescente pressão da procura sobre os activos de infra-estruturas. Devido ao período limitado para a realização de trabalhos de manutenção, as organizações implementaram novas técnicas e estratégias para permitir que a manutenção seja efectuada de forma adequada e num curto espaço de tempo (Brown, 2005). Consequentemente, estratégias como o agrupamento e a coordenação das actividades de manutenção têm sido utilizadas para mitigar qualquer potencial perda de utilização. Isto permitiu que a manutenção fosse efectuada dentro das restrições de disponibilidade da rede impostas pelos reguladores, clientes e mercados (Eric, 2010)

3) **Monitorização do estado e inspeção**: A monitorização do estado dos equipamentos é um elemento essencial para uma otimização bem sucedida dos activos das infra-estruturas, tal como previsto na norma ISO 55000 como um dos seus enquadramentos. Fornece as melhores informações para definir as condições e o desempenho actuais e constitui a base para projetar a disponibilidade futura durante o tempo de vida útil. Por este motivo, a monitorização das condições é considerada um processo importante na gestão dos activos de infra-estruturas (Eric, 2010). A ISO 5500 fornece um quadro que nos permite prever quando algo está prestes a avariar e, dependendo da utilização ou da procura esperada dessa instalação, podemos modificar o nosso regime de manutenção.

Existe uma variedade de ferramentas de diagnóstico atualmente disponíveis para ajudar os gestores de activos a determinar o regime de manutenção necessário para fornecer os níveis de serviço adequados a um nível de risco aceitável. Várias organizações têm de se afastar da abordagem tradicional de manutenção baseada no tempo (TBM) para uma filosofia mais proactiva de manutenção baseada na condição (CBM) introduzida pela ISO 55000. A monitorização da condição utiliza tecnologias modernas. As tecnologias utilizadas dependem do tipo de activos da infraestrutura. Isto levou a uma maior utilização da automação e das tecnologias para monitorizar o estado, sem deixar de incluir as inspecções e a avaliação humanas (Eric, 2010).

4) Avaliação de custos/activos: A ISO 5500, através do processo de gestão da capacidade, permitirá identificar os activos de infra-estruturas que provavelmente serão adquiridos ou construídos no futuro para satisfazer as necessidades da empresa. A partir daqui, pode ser realizada uma "análise de lacunas" para identificar os ajustamentos necessários a efetuar na base de activos (Queensland, 1996). A ISO 55000 fornece um quadro para a realização de avaliações adequadas para selecionar as "melhores" e óptimas soluções para responder às necessidades da empresa. Ao assegurar uma investigação e análise adequadas para cada uma das opções que precedem as decisões, a organização minimiza o seu potencial de exposição legal e financeira. Isto garantirá que são escolhidas as soluções de activos mais adequadas para responder às necessidades empresariais declaradas (Eric, 2010)

Um objetivo importante nesta fase é a otimização dos activos da infraestrutura, ou seja, a maximização da vida útil dos activos e dos seus benefícios (económicos, sociais, de segurança, ambientais ou outros), minimizando simultaneamente o custo do ciclo de vida (Austroads, 2002). Na otimização dos activos, são utilizados os seguintes critérios: ambiente, viabilidade técnica, viabilidade financeira, preparação para o futuro e capacidade de manutenção. Esta abordagem permite que as organizações se concentrem na utilização responsável de recursos como o investimento, a tecnologia e o desenvolvimento técnico, de modo a garantir que as actividades prosseguidas beneficiem não só os seus resultados, mas também a comunidade, o ambiente e a economia (Eric, 2010).

Verifica-se uma adoção crescente de uma abordagem probabilística da avaliação dos activos de infra-estruturas, em conformidade com as orientações da norma ISO 55000, e a abordagem probabilística incorpora o elemento da gestão do risco (Eric, 2010). A gestão do risco na gestão dos activos de infra-estruturas é benéfica porque contribui para uma prestação de serviços mais económica, reduz a incerteza e os custos e proporciona um planeamento de emergência mais eficaz (NSW Treasury, 2004). Os riscos relacionados com os activos podem incluir os que afectam diretamente os activos durante a sua vida útil ou que têm um impacto inicial no nível de procura de serviços, bem como os riscos financeiros (Eric, 2010).

5) Aquisição informada de activos: O aprovisionamento de construção foi definido pela Comissão de Trabalho CIB W92 sobre Sistemas de Aprovisionamento como "o quadro no qual a construção é realizada, adquirida ou obtida" (Sharif e Morledge, 2004). Os principais desafios na aquisição de bens de infra-estruturas incluem a maximização da eficiência e eficácia dos recursos das organizações, a satisfação das expectativas dos clientes, a minimização dos impactos adversos nos clientes e o cumprimento do âmbito, do calendário e do orçamento do projeto, bem como a gestão das alterações necessárias nos projectos e programas (AASHTO, 2002).

O quadro de gestão de activos forneceu as estratégias de aquisição necessárias para ajudar a obter soluções óptimas em termos de custo, tempo e qualidade (Kumaraswamy e Dissanayaka, 1998)

Para projectos de infra-estruturas maiores e mais complexos, introduziu a tendência para utilizar uma espécie de abordagem de parceria e aliança para a aquisição. Isto é prático na atual situação do mercado, em que o mundo das infra-estruturas é um pouco mais o mercado dos fornecedores. Neste cenário de mercado, existe uma tendência para empurrar o risco para o cliente, conduzindo ao que um informador observou como "o tipo de contrato de aliança, como o custo mais o tipo de acordo em que o cliente e o fornecedor exploram em conjunto o risco para obterem a melhor forma de lidar com as coisas à medida que vão surgindo". A alternativa é contratar "consultores externos para elaborar o projeto e as especificações" e abrir ou selecionar concursos (Eric, 2010). A extensão e a profundidade da documentação e da análise no processo de criação de activos dependerão do valor e da importância do ativo a adquirir pela empresa. Este é um cenário em que existe uma falta de conhecimentos internos para projectos de infra-estruturas complexos, especializados e de grande dimensão. Os potenciais benefícios destas abordagens incluem custos mais baixos, melhores serviços e oportunidades para aproveitar os conhecimentos especializados de empresas privadas e ultrapassar as limitações do pessoal interno (Eric, 2010).

2.8 Revisão teórica

Existem muitas teorias de gestão, como a teoria da gestão dos activos fixos e a teoria da gestão do capital de exploração, mas a teoria moderna da carteira será adoptada para este estudo porque proporciona uma combinação holística da teoria dos activos fixos e da teoria do capital de exploração para fornecer valores estratégicos eficazes e eficientes à organização. A teoria moderna da carteira coloca a tónica nas variáveis de eficiência, como o custo e a rentabilidade, e nas variáveis de eficácia, como a qualidade, a quantidade, a segurança, a capacidade, a adequação ao objetivo, a acessibilidade, etc.

Teoria Moderna da Carteira:

Harry Markowitz publicou um artigo sobre a Teoria Moderna da Carteira em 1952. A teoria da carteira pressupõe que um investidor é racional e avesso ao risco e, como tal, tem várias opções de investimento para construir uma carteira. A Teoria Moderna da Carteira (MPT) foi desenvolvida por Harry Markowitz. Ele afirma que a maioria dos investidores quer ser cautelosa ao investir e que quer correr o menor risco possível para obter o maior retorno possível, optimizando o rácio retorno/risco. Todas as oportunidades de investimento envolvem risco e rendibilidade, podendo ser construída uma fronteira eficiente onde as combinações de investimentos terão um determinado nível de risco e rendibilidade e na fronteira eficiente estará a melhor combinação possível de risco e rendibilidade. Markowitz (1952, 1959) demonstrou que os activos de uma carteira podem ser combinados de modo a obter uma carteira "eficiente" que proporcione o nível mais elevado possível de rendibilidade da carteira para qualquer nível de risco da carteira, medido pela variância ou pelo desvio padrão; estas carteiras são assim ligadas para gerar a "fronteira eficiente". As carteiras que têm uma combinação abaixo desta fronteira eficiente não estarão a maximizar o trade-off eficiente, de acordo com as preferências do investidor. Esta afirmação da fronteira eficiente estabeleceu o facto de que o custo e a rendibilidade devem ser o fator subjacente à adoção de uma estrutura de gestão capaz de gerar valor a curto e longo prazo para a organização.

Aplicabilidade da teoria moderna da carteira ao estudo:

A gestão da carteira é uma tarefa complexa que envolve a dissecação dos potenciais de investimento dos activos, a definição de objectivos, a seleção de activos, a afetação de recursos e, mais importante ainda, a avaliação do desempenho da carteira com vista a melhorar ou manter o retorno, o que resume a totalidade das disposições da norma ISO 55000. Segundo Cooper, Edgett & Kleinschmid (2000), a gestão de carteiras é um processo de decisão dinâmico em que a lista do investidor de variáveis activas de novos produtos ou projectos de desenvolvimento, tais como o custo e a rentabilidade, a qualidade, a quantidade, a segurança, a capacidade, a adequação à finalidade e a acessibilidade, é constantemente actualizada e revista com o objetivo principal de maximizar o retorno e minimizar o risco. A essência da MPT consiste em procurar otimizar a relação entre risco e rendibilidade através da composição de carteiras de activos determinadas pelas suas rendibilidades, riscos e covariância ou correlações com outros activos. A MPT desenvolve um quadro em que qualquer rendibilidade esperada é composta por vários resultados futuros, sendo por isso arriscada, e esta relação entre risco e rendibilidade pode ser optimizada através da diversificação. Cada carteira que satisfaz estas duas condições é designada por carteira eficiente; satisfazendo também as condições para o desempenho do ativo. Nenhuma outra carteira terá uma rendibilidade superior para o mesmo nível de risco (Markowitz, 1959). Uma carteira é ineficiente se for possível obter uma rendibilidade esperada mais elevada sem maior risco, ou reduzir o risco com o mesmo nível de rendibilidade esperada (Markowitz, 1991). Se o investidor quisesse criar o investimento perfeito, os atributos a incluir seriam uma rendibilidade elevada aliada à ausência de risco. A realidade é que, como afirmam Elton e Gruber (1997), este tipo de investimento é quase impossível de encontrar. Não surpreendentemente, as pessoas passam muito tempo a desenvolver métodos e teorias que se aproximam do "investimento perfeito". Mas nenhum é tão popular, ou tão poderoso, quanto o MPT. É importante que os profissionais de gestão de activos compreendam como utilizar essa teoria disponível para conceber carteiras que melhor se alinhem com os desejos e tolerâncias ao risco de um cliente/organização. É igualmente importante que os consultores financeiros compreendam o que determina o risco e o rendimento das carteiras e saibam como estas forças podem ser manipuladas para obter o máximo benefício. O MPT fornece uma base teórica sólida para a construção de carteiras de gestão de activos públicos que são robustas e estão estreitamente alinhadas com as preferências de risco e retorno declaradas pelos investidores.

Esta teoria está relacionada com o presente estudo, na medida em que o estudo identificou o risco e a gestão da mudança como principais factores determinantes do desempenho organizacional. De acordo com Isaac (1998), os investidores institucionais, como os organismos públicos, podem ter tendência a ser avessos ao risco, enquanto os investidores privados ou especializados podem aceitar perfis de risco mais elevados. Consequentemente, a essência da eficácia e da eficiência na avaliação do nível de conformidade com as normas ISO 55000 na gestão dos activos das infra-estruturas públicas no Sul-Sul da Nigéria consiste em aumentar a capacidade de produção, baixar os custos de manutenção e gestão, reduzir e eliminar os riscos associados aos activos físicos e melhorar os resultados financeiros. Oloke, Odetunbi & Akinwumi (2022) afirmam que uma carteira sólida que satisfaz o objetivo de risco e retorno dos clientes é formada por planeamento, execução e feedback. Estes pressupostos estão em conformidade com a teoria moderna da carteira e com as disposições da norma ISO 55000, satisfazendo assim a razão da sua adoção para este estudo.

2.9 Estudos empíricos

2.9.1: Nível de conhecimento da ISO 55000 na gestão dos activos das infra-estruturas públicas

Para compreender o nível de sensibilização para a ISO 55000 na gestão de activos, Vanier, Newton e Halfway (2005) realizaram um estudo sobre ferramentas de gestão de activos para o planeamento de infra-estruturas municipais no sector da gestão de activos. Com base numa revisão da literatura, o estudo visava reconhecer a extensão do mercado de gestão de activos na América do Norte; o estudo concluiu que havia necessidade de ferramentas de apoio à decisão para organizações de tipo municipal e identificou os desafios do planeamento dos custos do ciclo de vida (manutenção/reparação/renovação) enfrentados pelos proprietários e gestores de activos. O seu estudo categorizou várias fases da gestão de activos utilizando as seis perguntas "o quê" que estão em conformidade com algumas das disposições da ISO 55000 (2014), sobre o planeamento para atingir os objectivos da gestão de activos: O que é que possui? Quanto é que vale? Qual é o seu estado? Qual é a vida útil restante? O que é a manutenção diferida? As respostas a estas perguntas forneceram informações sobre as ferramentas e técnicas atualmente disponíveis para a gestão de activos. A partir destes dados, a Vanier desenvolveu um quadro de gestão de activos com cada "o quê" a estabelecer um quadro crescente para a implementação do plano de gestão de activos. No entanto, este estudo não encontrou nenhuma solução abrangente que responda às necessidades actuais e futuras de planeamento de investimentos para engenheiros e gestores municipais, ao contrário do estudo de Lemer e Wright (2000), que conseguiu identificar mais critérios para um quadro eficaz de gestão de activos. No entanto, Vanier considerou que a integração com os sistemas existentes, tais como a gestão informatizada da manutenção, a informação geográfica e os sistemas legados corporativos, eram os desafios mais significativos (barreiras) para o desenvolvimento e utilização de ferramentas de apoio à decisão na área da gestão de activos. Too (2010) realizou outro estudo com o objetivo de desenvolver abordagens que pudessem ser adoptadas para ultrapassar desafios e melhorar o desempenho dos activos do Aeroporto de Brisbane (BAC). Através de uma abordagem de estudo de caso, foram recolhidos dados de várias entrevistas com gestores de topo responsáveis pela gestão de activos de infra-estruturas, bem como de uma análise da literatura. Os desafios e abordagens identificados foram categorizados como processos estratégicos fundamentais necessários para contribuir para a realização dos objectivos de gestão dos activos. No entanto, continua a ser necessária investigação futura para desenvolver processos de gestão melhorados que permitam alcançar soluções óptimas. Desenvolver um quadro descritivo para a gestão estratégica de activos de infra-estruturas que possa ser aplicado a vários tipos de activos de infra-estruturas, tais como estradas, caminhos-de-ferro, serviços públicos, aeroportos e portos marítimos, consolidando as disposições relevantes da norma ISO 55000.

Outros estudos examinaram métodos de gestão de activos. Brighu (2008), por exemplo, investigou a viabilidade dos métodos de gestão de activos e a sua contribuição potencial para melhorar o serviço de abastecimento de água. Foi escolhido um caso de estudo para este estudo, nomeadamente, uma empresa de abastecimento de água que serve Jaipur na Índia. Foi desenvolvido um quadro genérico de gestão de activos, que foi aplicado a este estudo de caso. A investigação indicou que é possível dar um "primeiro passo" de baixo custo no sentido da gestão de activos, mas isso exige uma mudança na abordagem de gestão. No entanto, o estudo concluiu que a falta de dados relevantes era um fator crucial que influenciava uma aplicação eficaz e abrangente de um quadro genérico de gestão de activos.

Njagi (2020) assistiu a um aumento significativo do desenvolvimento de infra-estruturas no passado recente, especialmente nos domínios do desenvolvimento imobiliário, e muitos projectos de construção de habitações não conseguiram alcançar o sucesso do projeto devido a um aumento do risco e da incerteza. O objetivo deste estudo foi avaliar os factores que afectam a eficácia da gestão do risco em projectos de construção e manutenção de habitações no Ruanda, o caso do projeto Bastinda II. Para atingir o objetivo do estudo, foi adoptada uma conceção de inquérito descritivo. Esta conceção de investigação envolveu a recolha de dados que descrevem acontecimentos e, em seguida, a organização, tabulação e descrição dos dados. A população do estudo para este estudo foi constituída por três instituições envolvidas no projeto Bastinda II, incluindo o Conselho de Segurança Social do Ruanda (RSSB), os Ministérios das Infra-estruturas do Ruanda e a Cidade de Kigali (CoK). A fórmula de Yamane foi utilizada para determinar a dimensão da amostra do estudo de 116 de uma população-alvo de 164. Os dados primários para este estudo foram recolhidos através de questionários estruturados fechados e abertos.

O estudo de Njagi estabeleceu que um baixo nível de apoio da gestão de topo, em que a gestão do projeto não conseguiu desenvolver os procedimentos do projeto desde a fase de iniciação e instalar programas de formação, afectou a eficácia da gestão do risco no projeto Batsinda Housing por um fator de 0,633 e um valor de p de 0,03. Os membros incompetentes da equipa do projeto que não compreendiam o processo de gestão dos riscos do projeto afectaram a eficácia da gestão dos riscos por um fator de 0,497 e um valor de p de 0,04. O resultado de Njagi (2020) alinha-se com a disposição um da ISO 55000, que é Conteúdo da Organização, e o estudo recomenda que a gestão de topo deve estar empenhada numa gestão do risco inclusiva e transparente, a equipa do projeto deve receber formação em gestão do risco e competências administrativas, o financiamento do projeto deve estar ligado ao diagrama de Gantt e deve ser feito um planeamento adequado do risco do projeto para permitir uma gestão do risco estruturada e sistemática dos activos.

Outro estudo, realizado mais recentemente, por Younis e Knight (2014) em Ontário, Canadá, teve como objetivo desenvolver um quadro integrado de gestão de activos para sistemas de recolha de águas residuais. Um estudo de caso baseado em dados reais apresentou a utilização de ferramentas de business intelligence para implementar, monitorizar e comunicar vários componentes do quadro desenvolvido. Os investigadores desenvolveram um novo quadro integrado de gestão de activos para sistemas de recolha de águas residuais utilizando um modelo modificado de balanced scorecard. Os elementos do quadro de gestão proposto e o balanced scorecard modificado foram desenvolvidos com base em múltiplas sessões de trabalho colaborativo realizadas em 2009 durante o primeiro Workshop Nacional Canadiano de Gestão de Activos (CNAM 2009). O quadro teve em conta as perspectivas social/política, financeira, operacional/técnica e regulamentar. Este quadro, segundo os investigadores, só seria adequado para os serviços de águas residuais e de recolha de águas residuais. Assim, pode argumentar-se que alguns quadros de gestão de activos são específicos de cada disciplina, o que constitui um desafio para as autoridades que pretendem adotar um sistema genérico de gestão das instalações.

Elhakeem e Hegazy (2012) desenvolveram outro quadro abrangente de gestão de activos de edifícios. O quadro proposto, baseado num procedimento de otimização em duas fases, foi avaliado num ambiente escolar de grandes dimensões nos EUA. O quadro tinha uma formulação única em que todas as funções, desde a inspeção, à modelação da deterioração e à análise do ciclo de vida, seguiam a dinâmica das deficiências do edifício, argumentando que os quadros poderiam ajudar, afirmaram, as organizações com grandes activos de construção a melhorar o estado geral do seu inventário com o maior retorno sobre o orçamento de reparação limitado. Este quadro desenvolveu e integrou versões de outros quadros mencionados anteriormente. Poder-se-ia argumentar aqui que a lei de Pareto (ponderação 20:80) das variáveis de entrada/saída poderia melhorar as aplicações acima referidas para que os orçamentos limitados tivessem o maior benefício, numa vasta gama.

Meaghan (2024) descreve os mecanismos políticos do sector público administrados pelo Departamento de Obras Públicas de Queensland para gerir os riscos do Estado na aquisição e gestão dos seus edifícios públicos. Entre outras coisas, aborda os objectivos da Política de

Compras do Estado e como estes são traduzidos nas áreas de aquisição e gestão de edifícios. O estudo fornece uma visão geral das principais caraterísticas das obras de capital do Estado e do quadro de gestão integrada da ISO 55000. Meaghan (2024) afirma que o Departamento de Obras Públicas, principal conselheiro do Governo de Queensland em matéria de construção e responsável pela aquisição de edifícios do Estado, com despesas superiores a mil milhões de dólares por ano, teve, por necessidade, de desenvolver formas eficazes de gerir os riscos inerentes a estas actividades. Embora algumas jurisdições disponham de legislação para este efeito, o Governo de Queensland utiliza a política como principal veículo para facilitar a gestão das suas responsabilidades em matéria de aquisições, tanto em geral como no que respeita às aquisições de edifícios em particular.

2.9.2: Obstáculos às normas ISO 55000 na gestão e manutenção dos activos das infra-estruturas públicas

Foi também realizado um estudo por Hanis, Bambang e Connie (2011) com o objetivo de identificar os principais desafios enfrentados por um governo local numa região em desenvolvimento recente ao adotar um quadro de gestão de activos públicos. Os resultados indicaram a existência de desafios significativos que o governo (indonésio) teve de gerir ao adotar um quadro de gestão de activos públicos: a ausência de um quadro institucional e jurídico para apoiar a aplicação da gestão de activos; o princípio do não-lucro dos activos públicos; as múltiplas jurisdições envolvidas nos processos de gestão de activos públicos; a complexidade dos objectivos do governo local; a indisponibilidade de dados para a gestão da propriedade pública e recursos humanos limitados. Hanis, Bambang e Connie (2011) recomendaram que o governo (estudo de caso) abordasse estes desafios antes de aceitar e aplicar um quadro de gestão de activos desenvolvido. As conclusões deste estudo estão em consonância com outro estudo efectuado por Hokoma, Khan e Khalid (2010).

Um outro estudo, que analisou os objectivos da gestão patrimonial de infra-estruturas e identificou os principais processos de gestão patrimonial de infra-estruturas, bem como o desenvolvimento de um quadro de AM, foi realizado por Too (2009). Foi utilizada uma conceção de casos múltiplos que permitiu uma lógica de replicação e entrevistas para recolher dados. Os seus resultados mostraram que a eficiência de custos, a adequação da capacidade, a satisfação das necessidades dos clientes e a liderança de mercado eram os principais objectivos da AM. Foram observadas duas barreiras principais à adoção da gestão de activos: o estatuto de enteado que é frequentemente atribuído aos grupos de gestão de activos nas organizações; a falta de uma abordagem estratégica; e declarações controversas sobre o que constitui a gestão de activos. O planeamento de activos (gestão da capacidade/avaliação de opções), a criação de activos (aquisição/entrega) e a operação de activos (gestão da manutenção) foram os processos centrais da gestão integrada de activos. Não há nenhum estudo semelhante conhecido pelo pesquisador que foi realizado no sul da Nigéria, o presente estudo pretende abordar os desafios identificados acima por Hanis, Bambang e Connie (2011), adotando o padrão ISO 55000 para avaliar sua conformidade na gestão de ativos de infraestrutura pública.

Um estudo recente realizado por Gondo e Amis (2013) analisou as práticas, os desafios e as opções políticas utilizadas no(s) sector(es) da água e do saneamento dos bens municipais nos novos países em desenvolvimento. Os resultados indicaram que o sector da água tinha passado por várias reformas, mas que estas não tinham resultado numa melhoria da gestão patrimonial das infra-estruturas. A falta de recursos financeiros, de recursos humanos especializados e de uma estratégia organizacional adequada tinha limitado a adoção e a aplicação de sistemas de software para uma gestão patrimonial eficaz. O investigador recomendou que, para melhorar a gestão patrimonial no sector da água e do saneamento (nesta região em desenvolvimento), é necessário abordar: a ausência de um plano de gestão patrimonial; a capacidade financeira limitada das autoridades locais; a escassez de pessoal experiente; a ausência de uma estratégia organizacional de apoio; e a falta de empenho das partes interessadas. Os sistemas de gestão de activos requerem, portanto, uma apreciação completa das variáveis em causa e um compromisso para implementar os factores de uma forma estruturada, bem como uma apreciação dos desafios a superar.

O presente estudo pretende utilizar uma abordagem estruturada para identificar as variáveis necessárias como factores eficientes e eficazes para a gestão e manutenção dos activos das infra-estruturas públicas na Nigéria.

2.9.3: Condutores das normas ISO 55000 na gestão e manutenção dos activos das infra-estruturas públicas

Okoro (2015) identificou as seguintes competências de gestão de recursos humanos necessárias aos licenciados em gestão de empresas para o sucesso empresarial da gestão de ativos: a capacidade de planear, organizar e gerir empresas de pequena ou média dimensão, a capacidade de obter fundos para o funcionamento de empresas de pequena dimensão, a capacidade de desenvolver competências para manter registos contabilísticos de empresas de pequena dimensão; supervisão e coordenação eficazes dos recursos humanos e materiais. Maletic, Grabowska, & Maletic (2023) realizaram um estudo sobre os motores e as barreiras da transformação digital na gestão de activos; o documento visa melhorar a compreensão dos motores e das barreiras à transformação digital na gestão de activos. Um estudo Delphi qualitativo com peritos (incluindo o meio académico, a consultoria e a indústria) para identificar, validar e classificar os factores determinantes e os obstáculos que afectam a transformação digital na gestão de activos. O estudo destaca 12 factores que são fundamentais para a transformação digital da gestão de activos. Estes incluem a redução de custos, oportunidades na monitorização do estado dos activos, benefícios esperados nos processos de gestão de activos, benefícios esperados na gestão de riscos, apoio à gestão, benefícios esperados na tomada de decisões, alterações tecnológicas, requisitos legais, benefícios esperados na gestão de riscos, criação de valor, aumento da concorrência e oportunidade na porta analítica avançada para uma melhor decisão.

2.9.4: Grau de utilização das normas ISO 55000 na gestão e manutenção dos activos das infra-estruturas públicas

Para analisar o grau de utilização, foi elaborado um estudo por Too et al. (2006) através de uma análise da investigação sobre as actuais práticas de gestão de activos em vigor. O quadro que desenvolveu com base em quadros anteriores examinados no seu estudo é constituído por três componentes principais: análise estratégica, escolha estratégica e implementação estratégica. Too et al. afirmaram que um quadro estratégico integrador de gestão patrimonial de infra-estruturas é importante porque é apresentado como um modelo de processo, é genérico e pode ser aplicado a vários tipos de activos de infra-estruturas. Concluiu que a utilização deste modelo é elevada nos países desenvolvidos.

Tholona e Neingo (2016) realizaram uma investigação sobre o alargamento da aplicação da ISO 55000 à gestão de activos minerais com o objetivo de alargar uma abordagem de gestão de activos, em particular as especificações publicamente disponíveis do quadro de gestão de activos PAS 55 e a série de normas da organização internacional de normalização (ISO) 55000 podem ser alargadas à gestão de activos minerais, resultando numa abordagem integrada para otimizar de forma sustentável o valor dos activos minerais da empresa. Os resultados revelaram benefícios como a melhoria do rendimento dos activos minerais, a utilização máxima dos activos minerais, a criação de uma cultura organizacional centrada na qualidade e na melhoria contínua e a garantia para as partes interessadas de que os activos minerais estão a ser geridos de forma eficiente ao longo de todo o seu ciclo de vida. Este estudo revelou que a ISO 55000 pode ser aplicada a qualquer tipo de ativo para maximizar o valor.

Outro quadro semelhante de gestão de activos utilizado na Nigéria e capaz de aumentar a eficiência e a eficácia da gestão de activos é a teoria moderna da carteira. .

Um estudo efectuado por Oloke, Odetunmbi & Akinwumi (2022) sobre um exame do nível de envolvimento de técnicas modernas de gestão de carteiras por empresas imobiliárias em Lagos, na Nigéria. A gestão da carteira nas práticas imobiliárias foi examinada no estudo com o objetivo de determinar a técnica utilizada na realização da análise do risco e do retorno, bem como na avaliação do desempenho da carteira na empresa. O estudo concluiu que o número de empresas que oferecem serviços de gestão de carteiras é bastante reduzido em comparação com outras áreas de serviços. Os resultados revelaram que as empresas classificaram o fluxo de caixa descontado e os modelos de crescimento contemporâneos mais elevados do que as técnicas modernas de carteira para a avaliação do retorno dos activos. Por último, os resultados revelam que a maioria das empresas utiliza modelos de crescimento contemporâneos, benchmark, estilo ou comparação de mercado para avaliar o desempenho da técnica da teoria da carteira, o que está a generalizar-se entre as empresas que a praticam.

2.9.5: Desempenho das normas ISO 55000 na gestão e manutenção dos activos das infra-estruturas públicas

Para compreender o desempenho da gestão patrimonial das infra-estruturas, um estudo anterior de Lemer e Wright (2000) demonstrou que é possível melhorar o desempenho das infra-estruturas, apesar dos vários obstáculos (já referidos) que os gestores de activos enfrentam. Os investigadores empreenderam um programa integrado, nomeadamente a parceria para a inovação em matéria de infra-estruturas, com o objetivo de transferir a investigação, a educação e a tecnologia para conceber, produzir e publicar novos conhecimentos (gestão do conhecimento) que permitam e incentivem um melhor desempenho das infra-estruturas, bem como um sistema de apoio à gestão das decisões. O estudo revela que um sistema de gestão forneceria aos gestores responsáveis informações significativas sobre o estado e o desempenho do seu atual sistema de infra-estruturas e forneceria um meio para descobrir como as futuras exigências e políticas de gestão podem afetar o desempenho. Lemer e Wright (2000) argumentaram que a melhoria pode ser alcançada aumentando os retornos globais dos activos públicos e alterando a velha crença de que os activos públicos são "bens livres" (embora sem sugerir como isso pode ser feito); melhorando o âmbito, a eficiência e a fiabilidade da tecnologia das infra-estruturas; melhorando a eficácia dos recursos humanos envolvidos na conceção, construção, operação e manutenção das infra-estruturas; adquirindo mais conhecimentos sobre o comportamento das infra-estruturas e utilizando esses conhecimentos para melhorar a conceção/gestão; e melhorando a eficiência/fiabilidade da prestação de serviços de infra-estruturas. Os investigadores propuseram um sistema inteligente de gestão de infra-estruturas (IIMS) como ferramenta de gestão baseada em computador que aplicaria tecnologias avançadas de recolha e gestão de informação para fornecer bases mais eficientes, precisas e eficazes para a tomada de decisões sobre infra-estruturas. O IIMS combinará um balanço (relatório de gestão para uma avaliação exacta do valor das infra-estruturas), uma declaração de rendimentos, uma avaliação do estado das infra-estruturas e modelos de previsão, como o LCC, o desenvolvimento de cenários e capacidades de acesso à informação de fácil utilização. Este procedimento integrado sugerido ainda não foi objeto de qualquer aplicação prática. No entanto, a norma ISO 55000 (2014) descreve a monitorização, a análise e a avaliação das medições, a auditoria interna e a análise pela gestão como factores determinantes do desempenho

2.10 Resumo da revisão da literatura relacionada

Esta secção tenta resumir a revisão da literatura, para estabelecer as possíveis lacunas. Para o efeito, os problemas que informaram o estudo seriam o foco. Assim, pode deduzir-se o seguinte.

Com base nesta análise da literatura, verificou-se que existe um conhecimento das normas ISO 55000 na gestão dos bens públicos na Nigéria, mas o nível de compreensão é variável. A norma ISO 55000 tem sido geralmente adoptada sobretudo em países desenvolvidos como a América do Norte e do Sul, países da Austrália e Canadá, Suíça, Países Baixos, etc.. A infraestrutura de qualquer organização é fornecida para melhorar as suas operações, a satisfação do cliente, o aumento da produtividade, uma melhor qualidade dos activos e um melhor desempenho ambiental. Para se tornar uma verdadeira atividade de valor acrescentado no âmbito de uma empresa, a gestão de activos deve ter como principal objetivo desempenhar um papel estratégico de aumento do desempenho e de redução de custos. Este objetivo pode ser alcançado através de factores de gestão de activos que incluam uma abordagem holística da gestão das infra-estruturas, a gestão integrada de estratégias, a recolha e partilha contínuas e precisas de dados, a afetação eficiente de recursos, o acompanhamento adequado do desempenho e a gestão eficiente dos riscos.

Além disso, a literatura identificou os vários desafios que estão a dificultar a implementação das normas ISO 55000, que incluem: planeamento deficiente, gestão de dados deficiente, falta de comunicação e a necessidade de a organização determinar a competência necessária da(s) pessoa(s) que faz(em) o trabalho sob o seu controlo. Outros incluem a falta de reconhecimento da gestão de activos como importante pelo governo, a entrega incorrecta de infra-estruturas, a falta de monitorização e avaliação eficazes do projeto, etc.

2.11 A lacuna de estudo

Um olhar atento sobre a síntese da literatura revela algumas lacunas gritantes, que o presente estudo procura colmatar.

1. De facto, existem estudos realizados por autores sobre as normas ISO 55000, mas nenhum foi conhecido pelo investigador que tenha explorado a sua conformidade na gestão das infra-estruturas de edifícios de organismos públicos.
2. Estudos anteriores não exploraram a relação entre a conformidade com a norma ISO 55000 e o desempenho das infra-estruturas dos edifícios públicos.
3. Atualmente, os estudos sobre as normas ISO 55000 não foram realizados com suficiente pormenor

Gestão das infra-estruturas dos organismos públicos na Nigéria, em especial a gestão dos activos dos organismos públicos no Sul da Nigéria.

Foram estas lacunas encontradas na literatura que tornaram necessário este estudo. Por conseguinte, este estudo procurou colmatar essas lacunas, o que justificou a sua realização.

CAPÍTULO 3

METODOLOGIA DE INVESTIGAÇÃO

3.1 Conceção da investigação

Um projeto de investigação é um plano ou estratégia que mostra como os dados relacionados com os problemas da investigação são recolhidos e analisados. É um esboço do que o investigador pretende fazer, desde a redação dos objectivos, das hipóteses e das suas implicações operacionais, até à recolha e análise dos dados. Assim, a natureza da hipótese, as variáveis envolvidas e os constrangimentos do mundo real contribuem para a seleção do desenho. Considerando a natureza das questões de investigação e as hipóteses deste estudo, o conjunto de dados necessários para este estudo é de natureza qualitativa e quantitativa. Por conseguinte, a conceção mais adequada para este estudo é a abordagem de investigação por inquérito.

De acordo com Nworgu (2015), os métodos de inquérito-investigação são uma forma de estudar pessoas ou objectos através da recolha e da análise de dados de algumas pessoas ou objectos considerados como representações de todo o grupo. O inquérito ajuda a avaliar a conformidade com a norma ISO 55000 na gestão dos activos de infra-estruturas dos organismos públicos na área de estudo. O inquérito também determina os factores e as barreiras às normas ISO 55000 na gestão dos activos de infra-estruturas públicas na área de estudo. O investigador considera que esta conceção é adequada para este estudo, uma vez que o objetivo é recolher dados de uma amostra representativa relativamente à conformidade com a norma ISO 55000 na gestão das infra-estruturas dos organismos públicos. A escolha deste modelo de investigação foi também considerada adequada devido às suas vantagens de identificar atributos ou itens através da recolha de dados junto dos membros de uma população para determinar a sua opinião sobre o assunto em discussão

3.2 Área do estudo

De acordo com Omare no jornal Vanguard de 5 de outubro de 2021, "Enquanto os administradores da governação pública não forem responsabilizados, continuaremos a assistir ao subdesenvolvimento induzido pela corrupção e à má gestão dos bens públicos na região Sul-Sul". Por conseguinte, este estudo será efectuado no Sul-Sul da Nigéria. O Sul-Sul é uma das seis zonas geopolíticas da Nigéria, com seis Estados que incluem Akwa-Ibom, Cross-Rivers, Bayelsa, Rivers, Delta e Edo. A zona geopolítica Sul-Sul da Nigéria faz parte da zona produtora de petróleo popularmente conhecida como Delta do Níger. Os habitantes do Sul-Sul da Nigéria são predominantemente comerciantes, pescadores e agricultores, com uma paixão considerável pela educação ocidental.

O estudo limita-se a três estados da zona sul-sul devido ao enorme desenvolvimento de infra-estruturas identificado nos estados de Bayelsa, Rivers e Delta. O Estado de Bayelsa partilha fronteiras com os Estados do Delta e dos Rios e inclui oito governos locais: Ekeremor, Kolokuma, Yenegoa, Nembe, Ogbia, Sagbama, Brass e Ijaw do Sul. Possui o maior depósito de petróleo bruto e de gás natural da Nigéria. O Estado do Delta tem 25 governos locais, com uma superfície total de cerca de 17.698 km e é constituído por recursos naturais como calcário, sílica, lenhite, etc. O Estado do Rio tem uma área total de 11 077 km, sendo maioritariamente povoado pelos povos Igbo, Ogoni e Ijaw. Ver o mapa esquemático das áreas de estudo nas Figuras 3.1, 3.2 e 3.3, respetivamente.

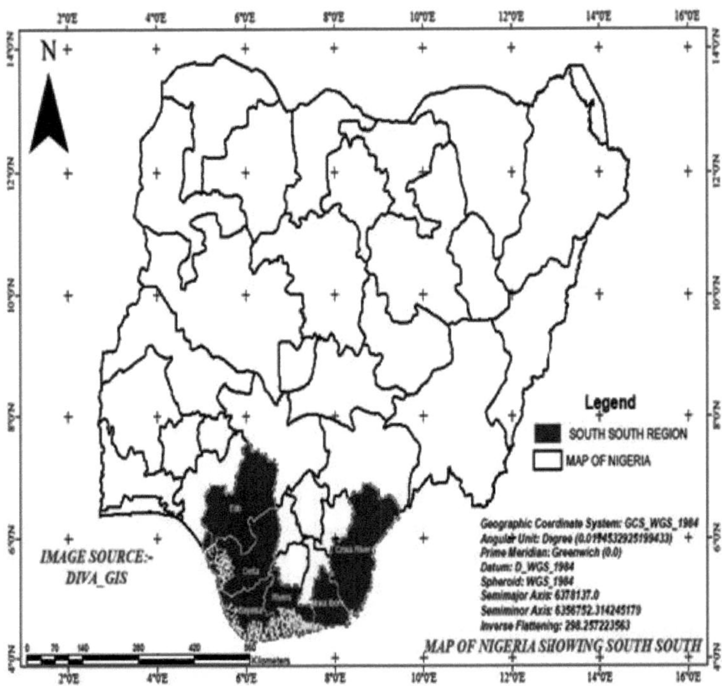

Figura 3.1: Mapa da Nigéria mostrando o Sul-Sul
Fonte: Laboratório de Cartografia e SIG, Departamento de Geografia e Meteorologia, NAU, Awka (2019)

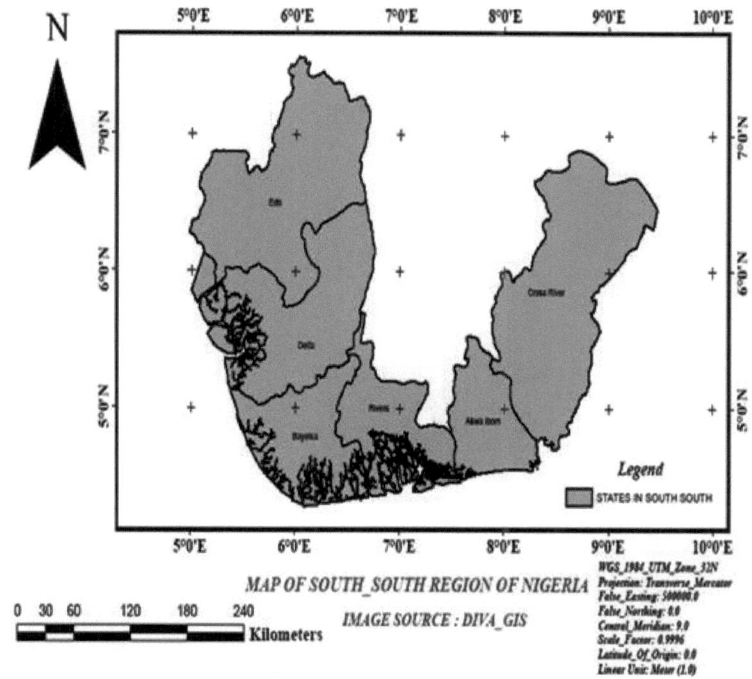

Figura 3.2: Mapa do Sul-Sul

Fonte: Laboratório de Cartografia e GIS, Departamento de Geografia e Meteorologia, NAU, Awka (2019)

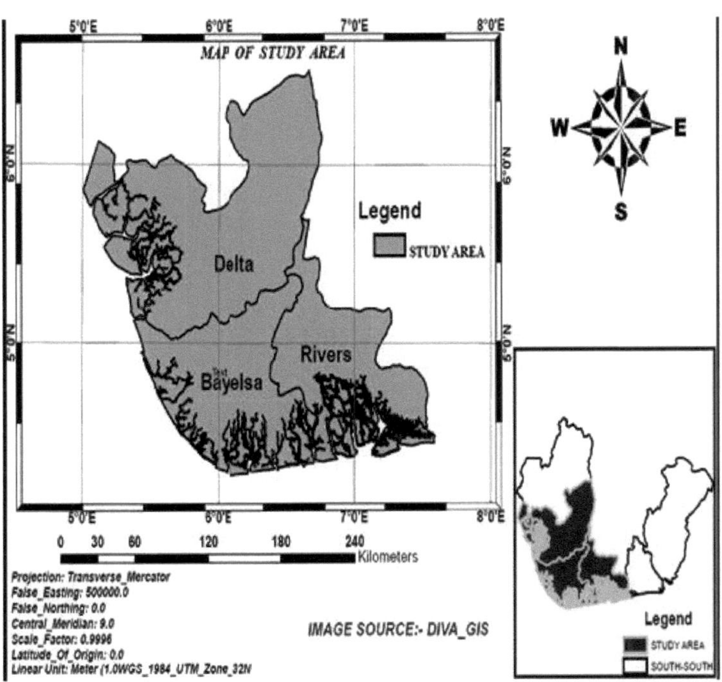

Figura 3.3: Mapa do Sul da Nigéria mostrando os Estados de Delta, Edo e Bayelsa
Fonte: Laboratório de Cartografia e GIS, Departamento de Geografia e Meteorologia, NAU, Awka (2021)

3.3 População do estudo

Uma população pode ser definida como o conjunto completo de sujeitos que podem ser estudados: pessoas, objectos, animais, plantas e organizações dos quais se pode obter uma amostra. Também pode ser referida como todos os indivíduos que fazem parte do grupo que o investigador pretende estudar (Cooper e Schindler, 2013). Em termos simples, a população é todo o grupo ou conjunto de casos que um investigador está interessado em generalizar. Por conseguinte, a população do estudo, de acordo com os dados obtidos junto da Comissão da Função Pública do Estado em investigação, é constituída por cento e sessenta e quatro (164) inspectores imobiliários e gestores de instalações associados à gestão e manutenção do património público na função pública do Estado. Estes profissionais são responsáveis pela gestão e manutenção dos bens públicos nas áreas de estudo, que incluem noventa e um (91) inspectores imobiliários registados na função pública (decreto 24 de 1975) e setenta e três (73) gestores de instalações (construtores), que foram obtidos em vários estados da função pública sob investigação para estabelecer a estrutura da amostra. O estudo limita-se a apenas três estados da zona Sul-Sul devido ao enorme desenvolvimento de infra-estruturas identificado nas áreas selecionadas e à sua disponibilidade para fornecer as informações necessárias para o êxito do estudo. Estes Estados são Bayelsa, Rivers e Delta. A distribuição da população dos gestores de activos registados nos organismos públicos destes Estados, apresentada no Quadro 3, revelou que o Estado de Bayelsa tem 17 inspectores imobiliários e 13 gestores de instalações, respetivamente, enquanto o Estado de Rivers tem 42 inspectores imobiliários e 35 gestores de instalações, respetivamente, e o Estado do Delta tem 32 inspectores imobiliários e 25 gestores de instalações, respetivamente.

Tabela 3.1: Distribuição da População dos Órgãos Públicos dos Estados Ativo Registrado

Managers in South-South Nigeria

S/N	State	No. of Registered Estate surveyors	No. of Registered Facility Managers (Builders)
1	Bayelsa	17	13
2	Rivers	42	35
3	Delta	32	25
	Total	91	73

Fonte: Comissão da Função Pública dos Estados (2022)

3.4 **Amostra e técnica de amostragem**

Não houve amostragem neste estudo, uma vez que a dimensão da população era controlável. Assim, a população serviu de amostra.

3.5 **Fonte de dados**

Os dados para este estudo foram recolhidos a partir de duas fontes, nomeadamente fontes primárias e secundárias.

3.5.1 Fontes primárias de dados

As fontes primárias de dados para este estudo basearam-se em dados recolhidos em primeira mão através de um questionário e de uma discussão em grupo.

1. Questionário.

Questionário: Este estudo exigiu informações de uma grande população. Como Gillham, (2011) afirma, os questionários têm algum valor em estudos de caso quando é necessária informação direta e bastante precisa de uma grande população. De acordo com Nahiduzzaman (2016), os questionários são dispositivos de recolha de dados concebidos para obter respostas ou reacções a perguntas organizadas numa ordem específica. Os questionários concebidos para este estudo eram estruturados e semi-estruturados (escolhas múltiplas) e incluíam perguntas abertas e fechadas. As perguntas abertas permitiram que os inquiridos expressassem livremente as suas opiniões e pontos de vista sem preconceitos, de modo a obter informações adequadas sobre os objectivos do estudo.

2. Discussão em grupo

Discussão em grupo: A fim de obter uma compreensão mais aprofundada, a discussão de grupos de discussão é aplicada sempre que necessário. De acordo com Nyumba e Wilson (2018), a discussão de grupos de discussão é frequentemente utilizada como uma abordagem qualitativa para obter uma compreensão aprofundada das questões sociais. O método visa obter dados de um grupo de indivíduos selecionado propositadamente e não de uma amostra estatisticamente representativa de uma população mais vasta.

3.5.2 Fontes secundárias de dados:

Os dados secundários são uma síntese de documentos publicados e não publicados relacionados com o estudo e constituem o quadro lógico do estudo (Okolie, 2011). Por conseguinte, os dados secundários recolhidos incluíam os mais relevantes e actuais, no âmbito da disciplina, de livros didácticos, artigos académicos, jornais e revistas. Foram também utilizadas várias fontes online para obter informações para a revisão da literatura.

3.6 **Instrumento de recolha de dados**

Os dados para este estudo foram recolhidos através de um questionário estruturado. Este consistia em itens desenvolvidos de acordo com as questões de investigação e com os conhecimentos obtidos a partir da literatura relacionada analisada. O questionário tem duas secções - "A" e "B". A secção A contém itens sobre os dados demográficos dos inquiridos, como o sexo, a idade, a experiência profissional e as habilitações académicas, enquanto a secção B está dividida em cinco grupos de B1 a B5 e abrange os temas das perguntas de investigação. As perguntas das secções B1 a B5 foram estruturadas numa escala de Likert de cinco pontos: muito elevado (VH), elevado (H), médio (A), baixo (L), muito baixo (VL), para as perguntas B1, B4 e B5; enquanto as perguntas B2 e B3 foram estruturadas em Concordo fortemente (SA), Concordo (A), Discordo (D), Discordo fortemente (SD) e Indeciso (UN), para dar aos inquiridos a possibilidade de assinalar a opção mais percebida.

Além disso, foi efectuada uma discussão em grupo com os quadros superiores, três de cada um dos serviços públicos dos Estados. Os participantes estavam ligados através de zoom e a discussão durou cerca de cinquenta e seis minutos e cinquenta e cinco segundos.

3.7 **Método de recolha de dados**

O investigador distribuiu pessoalmente cópias do questionário aos inquiridos com a ajuda de três assistentes de investigação, que foram informados sobre a forma de administrar o instrumento. O investigador deu instruções aos assistentes de investigação para distribuírem e recolherem o instrumento no mesmo dia, a fim de evitar a perda ou o extravio por parte de alguns inquiridos. Nos casos em que não foi possível preencher e recolher o instrumento no local, o investigador e os assistentes voltaram a visitar o ministério em datas acordadas e recolheram as cópias preenchidas do questionário. O exercício durou duas semanas e, dos 164 exemplares dos questionários distribuídos, 160 exemplares (representando 97,56%) foram preenchidos com êxito, recuperados e utilizados para a análise dos dados. Além disso, os gestores de activos de topo da função pública, selecionados propositadamente, foram envolvidos em discussões de grupo e entrevistas para garantir a recolha de dados qualitativos.

3.8 **Validade do instrumento**

A validade facial e de conteúdo do instrumento foi estabelecida com base nas opiniões de três peritos. Foram entregues cópias preliminares do questionário, juntamente com o tema da investigação, os objectivos do estudo, as perguntas da investigação e as hipóteses, a três peritos (professores) do Departamento de Construção, Faculdade de Ciências Ambientais, Universidade NnamdiAzikiwe, Awka. Foi-lhes pedido que examinassem o instrumento de forma construtiva em termos de adequação, redação, idoneidade e construção dos itens. Os contributos dos peritos foram utilizados para modificar os itens para o padrão que foi finalmente aprovado pelo supervisor.

3.9 **Fiabilidade do instrumento**

A fiabilidade do instrumento foi estabelecida através da utilização do método de teste-reteste. Para determinar a consistência interna do instrumento de investigação, o investigador distribuiu 50 cópias do instrumento a construtores e avaliadores imobiliários que gerem infra-estruturas de construção na função pública nos Estados de Delta, Bayelsa e Rivers, tendo-lhes sido concedidos 3 dias para poderem preenchê-lo e devolver o questionário. Posteriormente, o instrumento foi readministrado após um período de 14 dias aos mesmos sujeitos e recolhido. O coeficiente de correlação da fórmula Alfa de Cronbach foi utilizado para analisar os dois conjuntos de dados e o grau de fiabilidade foi estabelecido. Obteve-se um coeficiente de correlação de 0,97, 0,80, 0,83 e 0,89 em relação às secções B1, B2, B3 e B4, respetivamente, que foi considerado suficientemente elevado para que o instrumento fosse fiável. A fiabilidade global do instrumento foi de 0,81. (Ver Apêndice C, página).

3.10Métodos de análise/apresentação de dados

Os dados recolhidos do questionário foram apresentados em tabelas de distribuição de frequências. Os dados da Secção A do questionário, que são os dados pessoais dos inquiridos, foram analisados utilizando percentagens simples. Os dados recolhidos nas secções B a E, respetivamente, foram analisados utilizando a estatística descritiva da pontuação média. O valor médio da escala de classificação de 5 pontos foi calculado da seguinte forma:

3.11+ 4 + 3 + 2 + 1 = 3.0

5

Os itens de resposta com pontuação média igual ou superior a 3,0 foram considerados como concordantes, enquanto os itens com pontuação média inferior a 3,0 foram considerados como discordantes. Por outro lado, as hipóteses foram testadas com a Análise do Coeficiente de Correlação de Spearman (r) a um nível de significância de 0,05, considerando a escala em que os dados foram obtidos para este estudo.

CAPÍTULO 4

RESULTADOS E DISCUSSÃO

4.1 . Análise e apresentação do inquérito por questionário

As análises do questionário e das caraterísticas dos inquiridos são analisadas a seguir:

4.1.1: Análise das informações pessoais dos inquiridos

Table 1 **1: Distribuição dos questionários**

Número de questionários	**N.º de questionários devolvidos**	**N.º de questionários utilizados no estudo**
164	160	160
100%	97.56%	97.56%

Fonte: Inquérito de campo, 2024.

A Tabela 4.1 mostra que 164 (100%) dos questionários foram administrados a profissionais registados de gestores de propriedades e instalações nos Estados do Delta, Rivers e Bayelsa. Dos 164 questionários administrados, 160 (97,56%) foram corretamente preenchidos, devolvidos e utilizados no estudo.

Quadro 4.2: Distribuição dos inquiridos por género

Categorias	**N.º de inquiridos**	**Percentagem (%)**
Masculino	92	57.5
Feminino	68	42.5
Total	**160**	**100**

Fonte: Inquérito de campo, 2024.

Table 2 2 mostra a distribuição por género dos inquiridos. O resultado revelou que 92 (57,5%) eram homens e 68 (42,5%) eram mulheres. Isto implica que a maioria dos inquiridos era do sexo masculino, confirmando a crença tradicional geral de que a gestão patrimonial de infra-estruturas de construção é dominada pelos homens, de acordo com Akinlolu e Haupt (2020).

Tabela 4.3: Distribuição etária dos inquiridos

Intervalo de idade	**Frequência**	**Percentagem**
20-30	0	0
31-40	54.85	34.28
41-50	77.73	48.58
51-Acima	27.42	17.14
Total	**160**	**100**

Fonte: Inquérito de campo, 2024.

A Tabela 4.3 mostra a distribuição etária dos inquiridos. O resultado revela que 0 (0,0%) dos inquiridos tinham entre 20 e 30 anos, 54,85 (34,28%) tinham entre 31 e 40 anos, 77,73 (48,5%) dos inquiridos tinham entre 41 e 50 anos e 27,42 (17,14%) tinham 51 anos ou mais. Isto significa que os inquiridos tinham idade suficiente para dar as suas opiniões sobre o tema em discussão e que se espera que tenham a informação e os conhecimentos necessários sobre o tema de estudo.

Tabela 4.4: Nível de escolaridade dos inquiridos

Nível de escolaridade	**N.º de inquiridos**	**Percentagem**

Licenciatura/HND	89	55.71
MBA/MSc	46	28.57
Doutoramento	25	15.72
Total	**160**	**100**

Fonte: Inquérito de campo, 2024.

A Tabela 4.4 mostra que 89 (55,71%) têm habilitações de licenciatura, 46 (28,57%) têm um grau de MBA/MSC e 25 (15,72%) têm habilitações de doutoramento. Isto implica que o nível mais elevado de educação atingido pela maioria dos inquiridos é o grau de licenciatura, o que valida que os inquiridos têm educação suficiente para compreender o questionário.

Tabela 4.5: Distribuição dos anos de experiência profissional dos inquiridos

Categorias	**N.º de inquiridos**	**Percentagem (%)**
1 - 5 anos	25	15.7
6 - 10 anos	92	57.2
11 - 15 anos	25	15.7
16-20	9	5.7
20 anos ou mais	9	5.7
Total	**160**	**100**

Fonte: Inquérito de campo, 2024.

A Tabela 4.5 mostra a experiência profissional dos inquiridos. Os resultados revelaram que 25 (15,7%) dos inquiridos têm 1 a 5 anos de experiência profissional, 92 (57,1%) têm 6 a 10 anos de experiência e 25 (15,7%) têm 11 a 15 anos de experiência profissional, enquanto 9 (5,7%) têm 16 anos ou mais de experiência profissional. Isto implica que a maior parte dos inquiridos, 92(57,1%), tem 6 a 10 anos de experiência em gestão de instalações e património, o que é suficientemente adequado para fazer uma boa avaliação do estudo.

Tabela 4.6: Distribuição dos inquiridos com base na localização

Estado	N.º de inquiridos	Percentagem
Delta	53	32.9
Rios	66	41.4
Bayelsa	41	25.7
Total	160	100

Fonte: Inquérito de campo, 2024.

A Tabela 4.6 mostra as localizações dos inquiridos. Os resultados revelaram que 41,4% dos gestores de instalações e de património estavam localizados em Rivers, 32,9% estão localizados em Delta, enquanto os restantes 25,7% são de Bayelsa.

4.1.2: Nível de sensibilização para as normas ISO 55000 na gestão do património público na Área de estudo:

Foi pedido aos inquiridos que avaliassem o seu nível de conhecimento da ISO 5500 como norma para os bens públicos no Sul da Nigéria. As respostas são apresentadas no quadro seguinte.

Quadro 4.7: Avaliação do nível de sensibilização para a ISO 55000 como norma de gestão de activos públicos

S/N	DISPOSIÇÕES DO ISO 55000	Muito elevado Consciencialização (VHA) 5	Elevado Consciencialização (HA) 4	Média Consciencialização (AA) 3	Baixa Consciencialização (LA) 2	Muito baixo Consciencialização (VLA) 1	T	X	Decisão
1	Planeamento	88	37	24	6	5	160	4.2	VHA
2	Apoio	72	34	27	17	10	160	3.88	HA
3	Funcionamento	73	43	27	11	6	160	4.03	VHA
4	Desempenho	70	37	29	18	11	160	3.91	HA
5	Liderança	74	36	20	17	13	160	4.1	VHA
6	Melhoria contínua	73	33	25	21	8	160	3.80	HA
7	Organizacional política	69	45	20	18	7	160	3.90	HA

Fonte: Inquérito de campo, 2024.

O quadro 4.7 mostra que foi pedido aos inquiridos que avaliassem o seu nível de conhecimento da norma ISO 5500. É evidente que existe um nível muito elevado de conhecimento das normas ISO 5500 nas zonas de estudo por parte dos organismos profissionais responsáveis pela gestão dos bens públicos nas zonas de estudo. O planeamento, a liderança e a operação foram classificados como muito elevados, com uma pontuação média de 4,2, 4,1 e 4,03, respetivamente, enquanto a política organizacional, a melhoria contínua e o apoio foram classificados como elevados, com uma pontuação média de 3,90, 3,80 e 3,88, respetivamente. Isto significa que os inquiridos concordam que a sensibilização é muito elevada entre os organismos profissionais responsáveis pela gestão dos bens públicos

4.1.3: Obstáculos à aplicação da norma ISO 55000 na gestão dos activos das infra-estruturas públicas na zona de estudo.

Quadro 4.8: Barreiras à norma ISO 55000 para a gestão dos activos das infra-estruturas públicas na área de estudo.

S/N	Artigos	SA 5	A 4	D 3	SD 2	U 1	T	X	Classificação	Decisão
1	O motivo errado para o projeto de infra-estruturas	58	48	25	19	10	160	3.78	6	De acordo
2	Falta de avaliação e de controlo efectivos das infra-estruturas públicas	46	70	20	16	8	160	3.81	5	De acordo
3	Falta de financiamento para a gestão de projectos de infra-estruturas	49	59	21	18	13	160	3.70	7	De acordo
4	Má qualidade das infra-estruturas públicas e cultura de manutenção	62	53	24	11	10	160	3.90	4	De acordo
5	Falta de tecnologia e de conhecimentos técnicos necessários	43	66	18	12	21	160	3.61	11	De acordo
6	O público não é contabilizado como proprietário de infra-estruturas públicas	48	59	18	21	14	160	3.66	10	De acordo
7	Ausência de um quadro jurídico sobre os deveres e as pessoas envolvidas em os vários aspectos da manutenção dos activos (falta de responsabilidade jurídica)	101	30	21	6	2	160	4.38	1	De acordo
8	Elevado nível de corrupção financeira entre os funcionários públicos	98	34	16	8	4	160	4.33	2	De acordo

9	Cultura de manutenção deficiente	59	64	14	10	13	160	3.91	3	De acordo
10	Mau patrocínio da parceria pública e privada	46	61	26	10	17	160	3.68	9	De acordo
11	Inconsistente Mudança organizacional e institucional das paraestatais do governo	57	48	24	21	10	160	3.7	8	De acordo

Fonte: Inquérito de campo, 2024

A Tabela 4.8 mostra as pontuações médias das respostas dos inquiridos sobre as barreiras à implementação da ISO 55000 nos bens públicos nas áreas de estudo. O resultado revelou que os itens 21 a 31 têm pontuações médias de 3,78, 3,81, 3,70, 3,90, 3,61, 3,66, 4,38, 4,33, 3,91, 3,68 e 3,7, respetivamente. Isto mostrou que todas as pontuações médias dos itens 21 a 31 estavam acima do ponto de decisão de 3,00; por conseguinte, concordaram que estes itens são obstáculos à implementação da ISO 55000 na gestão dos bens públicos. O quadro indica que a ausência de um quadro jurídico sobre os deveres e as pessoas envolvidas nos vários aspectos da manutenção dos bens (falta de responsabilidade jurídica) é classificada como o maior obstáculo à implementação da ISO 55000 na área de estudo.

4.1.4: Impulsionadores da Norma ISO 55000 na Gestão do Património Público na Área de Estudo

Quadro 4.9: Avaliação dos factores determinantes da ISO 55000 na gestão de activos públicos no Sul da Nigéria

S/N	Artigos	SA 5	A 4	D 3	SD 2	U 1	T	X	Classificação	Decisão
1	Planeamento adequado	99	34	16	6	5	160	4.35	1	De acordo
2	Colaboração eficaz com os organismos competentes	64	42	27	17	10	160	3.83	5	De acordo
3	Comunicação efectiva entre os níveis de governo e as agências	53	63	27	11	6	160	3.91	3	De acordo
4	Mudança cultural para o conceito de gestão de activos públicos	58	48	25	21	8	160	3.79	8	De acordo
5	Sensibilizar para a importância da gestão dos activos públicos	64	46	21	16	13	160	3.83	5	De acordo
6	Prestação de apoio técnico à gestão de activos	48	59	27	16	10	160	3.74	9	De acordo
7	Alinhamento das políticas nacionais e estatais em matéria de gestão de projectos	54	58	22	18	8	160	3.82	6	De acordo
8	Sistemas integrados de gestão das capacidades	48	59	18	21	14	160	3.66	11	De acordo
9	Recolha e partilha contínua de dados	58	61	14	16	11	160	3.86	4	De acordo
10	Atribuição eficiente de recursos	56	50	22	18	14	160	3.73	10	De acordo
11	Melhoria contínua	50	62	21	18	10	160	3.79	8	De acordo
12	Acompanhamento e avaliação adequados	61	51	21	16	11	160	3.84	5	De acordo
13	Acompanhamento da medição do	66	53	18	14	10	160	3.80	7	De

	desempenho									acordo
14	Gestão eficiente dos riscos	61	53	26	11	10	160	3.92	2	De acordo
15	Aquisição informada de activos	51	59	21	18	11	160	3.56	12	De acordo

Fonte: Inquérito de campo, 2024

Tabela 4.9: Foi pedido aos inquiridos que avaliassem os factores impulsionadores da ISO 55000, na gestão dos bens públicos nas áreas de estudo. A tabela mostra as pontuações médias das respostas dos inquiridos do sobre os factores impulsionadores da ISO 55000, na gestão de activos públicos na área de estudo. Os resultados revelaram que os itens 1 a 15 têm pontuações médias de 4,35, 3,83, 3,91, 3,79, 3,83, 3,74, 3,82, 3,66, 3,86, 3,73, 3,79, 3,84, 3,80, 3,92 e 3,56, respetivamente. Isto mostrou que todas as pontuações médias dos itens 6 a 20 estavam acima do ponto de decisão de 3,00; assim, concordaram que todos os itens da tabela são impulsionadores da ISO 5500, na gestão de activos públicos nas áreas de estudo. O Quadro 4.9 mostra que o planeamento adequado tem o maior impacto na aplicação da ISO 5500 aos bens públicos na área pública.

4.1.5: O grau de utilização das normas ISO 55000 na gestão e manutenção dos bens públicos no Sul-Sul da Nigéria:

Quadro 4.10: Avaliação do grau de utilização das normas ISO 55000 na gestão e manutenção de activos públicos no Sul-Sul da Nigéria.

S/N DISPOSIÇÕES DA ISO 55000	VHU	HU	UA	LU	VLU	T	X	Classificação	Decisão
	5	**4**	**3**	**2**	**1**				
1 **Planeamento**	**88**	**37**	**24**	**6**	**5**	**160**	**4.2**		**1VHU**
a. Acções para fazer face aos riscos e oportunidades	48	21	14	2	4				
b. Gestão de activos objectivos	40	16	10	4	1				
2 **Apoio**	**72**	**34**	**27**	**17**	**10**	**160**	**3.88**		**6HU**
a. Recursos	12	7	4	2	2				
b. Competência	8	6	5	3	2				
c. Sensibilização	20	5	3	5	3				
d. Comunicação	16	6	4	2	1				
e. Requisitos de informação	10	3	6	1	0				
f. Informações documentadas	6	7	5	4	2				
3 **Funcionamento**	**73**	**43**	**27**	**11**	**6**	**160**	**4.03**	**3 VHU**	
a. Controlo do planeamento operacional	24	18	8	3	2				
b. Gestão da mudança	22	11	9	5	1				
c. Externalização	27	14	10	3	3				
4 **Desempenho**	**70**	**37**	**29**	**18**	**10**	**160**	**3.90**	**5 HU**	
a. Monitorização, medição, análise e avaliação	34	17	12	6	4				

b. Auditoria interna	16	2	10	4	3			
c. Análise da gestão	20	18	7	8	3			
5 **Liderança**	**74**	**36**	**20**	**17**	**13**	**160**	**4.1**	**2 VHU**
a. Compromisso	20	10	4	5	2			
b. Política	28	12	10	4	7			
c. Papéis, responsabilidades e autoridades	26	13	6	8	4			
6 Melhoria contínua	**73**	**33**	**25**	**21**	**8**	**160**	**3.88**	**6 HU**
a. Não conformidade e ação corretiva	21	12	8	10	3			
b. Acções preventivas	34	13	11	7	3			
c. Melhoria contínua	18	8	6	4	2			
7 Política de organização	**69**	**45**	**20**	**18**	**8**	**160**	**3.93**	**4 HU**
a. Compreender as necessidades e as expectativas de partes interessadas	22	15	7	6	4			
b. Determinar o âmbito do sistema de gestão de activos	26	8	8	5	2			
c. Sistemas de gestão de activos	21	22	5	7	2			

Fonte: Inquérito de campo, 2024.

A Tabela 4.10 mostra que foi pedido aos inquiridos que indicassem o grau de utilização da norma ISO 55000 na gestão e manutenção de bens públicos na área de estudo. A tabela mostra que existe uma elevada utilização da norma ISO 55000 no Sul da Nigéria. O planeamento tem uma pontuação média de 4,2, o apoio tem uma pontuação média de 3,88, a operação tem uma pontuação média de 4,03 e o desempenho tem uma pontuação média de 3,88. O resultado revelou ainda que a liderança tem uma pontuação média de 4,1 e a melhoria contínua tem uma pontuação média de 3,90, enquanto a política organizacional tem uma pontuação média de 3,93

Além disso, foi realizada uma discussão em grupo para determinar o grau de utilização da norma ISO 55000 na gestão dos bens públicos, como mostra o quadro 4.2.1.

4.1.6: Determinar o desempenho das infra-estruturas públicas no Sul da Nigéria com base em indicadores-chave de desempenho (KPI) para a gestão de activos:

Quadro 4.11: Avaliação do desempenho das infra-estruturas públicas com base em indicadores-chave de desempenho da gestão patrimonial.

S/N	KPI para a gestão de activos	: VH **5**	H **4**	A **3**	L **2**	VL **1**	T	X	Classificação	Decisão
	Eficácia									
1	Quantidade	64	39	35	9	13	160	3.82	6	Elevado
2	Qualidade	71	43	29	11	6	160	4.01	1	Elevado
3	Segurança	65	41	23	22	9	160	3.81	7	Elevado
4	Capacidade	74	36	20	17	13	160	3.88	5	Elevado
5	Adequação do objetivo	72	31	29	26	2	160	3.90	4	Elevado
6	Estética	69	45	20	18	8	160	3.93	3	Elevado
7	Fiabilidade	58	39	32	21	10	160	3.71	8	Elevado
8	Acessibilidade	68	38	28	15	11	160	3.68	9	Elevado

9	Aceitabilidade ambiental	70	42	27	14	7	160	3.96	2	Elevado
	Eficiência									
10	Custo	7	10	20	36	87	160	1.83	10	V. Baixa
11	Rentabilidade	16	24	8	68	44	160	2.37	11	Baixa

Fonte: Inquérito de campo, 2024

A partir dos quadros 4.11, foi pedido aos inquiridos que determinassem o desempenho das infra-estruturas públicas no Sul da Nigéria com base nos indicadores-chave de desempenho da gestão patrimonial. O quadro revela que os itens 1 a 8, que indicam as variáveis de eficácia, foram classificados como elevados em termos de desempenho, com uma pontuação média de 3,82, 4,01, 3,81, 3,88, 3,90, 3,93, 3,71, 3,68 e 3,96, respetivamente. Os itens 10 a 11, que indicam as variáveis de eficiência, foram classificados como muito baixos, enquanto a rendibilidade foi classificada como baixa, com uma pontuação média de 1,83 e 2,37 cada.

4.1.7: Teste de hipótese sobre a relação entre o grau de utilização da norma ISO 55000 e o desempenho das infra-estruturas públicas com base em indicadores-chave de desempenho (KPI) para as normas de gestão patrimonial no Sul da Nigéria.

Nesta secção, a hipótese formulada foi testada adoptando o Coeficiente de Correlação de Spearman Rank Order (rho). As análises foram efectuadas com o auxílio do Statistical Package for Social Sciences (SPSS) versão 20.0; enquanto a regra de decisão que orientou o teste das hipóteses é: se o valor significativo/probabilidade (VP) < 0,05 (nível de significância) = rejeitar o valor nulo e concluir uma relação significativa e se o valor significativo da probabilidade (VP) > 0.05 (nível de significância) = aceitar a hipótese nula e concluir que a relação é insignificante; enquanto que, para determinar o grau ou a força da relação entre as variáveis em consideração, este estudo adoptou a chave de categorização estabelecida por Evans (1996) da seguinte forma

Tabela 4.12: Descrição da gama de valores de correlação (r) e do nível de associação correspondente

Gama de r com positivo e valores de sinal negativo	Nível descritivo da Associação	Observação
0.00-0.19	Muito fraco	Muito fraco
0.20 - 0.39	Fraco	Fraco
0.40 - 0.59	Moderado	Moderado
0.60 - 0.79	Alta	Forte
0.80 - 1.0	Muito elevado	Muito forte

O sinal do coeficiente de correlação no Quadro 4.12 indica a direção de uma relação ou associação entre as variáveis: assim, (+) representa uma relação positiva, enquanto (-) representa uma relação negativa. A força da relação é determinada pela magnitude do coeficiente de correlação (r): o valor zero (0) indica que não existe relação e o valor um (1) indica uma relação perfeita. Assim, quanto mais próximo de 1 for o valor, mais forte é a relação e quanto mais próximo de zero (0), mais fraca é a relação.

Tabela 4.13: Análise de correlação entre o desempenho dos activos de infra-estruturas públicas utilizando KPI's e o grau de utilização da ISO 55000.

Correlações

Desempenho dos activos de infra-estruturas públicas utilizando KPI's	Grau de

				utilização
Rho de Spearman	Desempenho dos activos de infra-estruturas públicas utilizando KPI's	Coeficiente de correlação Sig. (bicaudal) N	1.000 160	.821 .000 160
	Grau de utilização da ISO 55000 na gestão e manutenção	Coeficiente de correlação Sig. (bicaudal) N	.821 .000 160	1.000 160

Eficácia da gestão de activos				Grau de utilização
Rho de Spearman	Eficácia da gestão de activos	Coeficiente de correlação	1.000	_- - ** .761
		Sig. (bicaudal)	.	.000
		N	160	160
	Grau de utilização	Correlação Coeficiente	.761**	1.000
		Sig. (bicaudal)	.000	
		N	160	160

		Eficiência de Ativo	Extensão de Utilização de activos Gestão
Eficiência do ativo Gestão	Correlação Coeficiente	1.000	.815
	Sig. (bicaudal)	.	.000
Rho de Spearman	N	160	160
Grau de utilização	Correlação Coeficiente	.815	1.000
	Sig. (bicaudal) N	.000 160	160

**. A correlação é significativa ao nível de 0,01 (bicaudal).

Fonte: SPSS 21.0 Output (com base nos dados do inquérito de campo de 2024)

A Tabela 4.13 acima revelou a análise de correlação entre o preditor e as variáveis de critério. A tabela revelou que o coeficiente de correlação sobre a relação entre o desempenho dos activos de infra-estruturas públicas utilizando KPI e o grau de utilização é de 0,821** com base na categorização da Tabela 4.12, o valor r indica uma relação positiva muito forte. O coeficiente de correlação indica que existe uma relação positiva forte entre a variável independente e a variável dependente, o que significa invariavelmente que um aumento do grau de utilização está associado ao desempenho do património das infra-estruturas públicas utilizando os indicadores-chave de desempenho (KPI) acima referidos, o que revelou a análise de correlação entre a eficácia como indicador-chave de desempenho da gestão do património e o grau de utilização. A Tabela 4.13 valida ainda mais a relação entre a eficácia e o grau de utilização. O coeficiente de correlação sobre a relação entre as variáveis é de 0,761** com base na categorização da Tabela 4.12, o valor r indica uma relação positiva muito forte. O coeficiente de correlação indica que existe uma forte relação positiva entre a eficácia da gestão de activos e o grau de utilização, o que significa invariavelmente que um aumento do grau de utilização está associado à eficácia da gestão de activos. Para uma compreensão mais aprofundada do desempenho, a Tabela 4.13 revelou a análise de correlação entre a eficiência como KPI da gestão de activos e o grau de utilização. A tabela revela que o coeficiente de correlação na relação entre as variáveis é de 0,815** com base na categorização da Tabela 4.12, o valor r indica uma relação positiva muito forte. O coeficiente de correlação indica que existe uma relação positiva forte entre a eficiência da gestão de activos e o grau de utilização, o que implica que um aumento do grau de utilização está associado à eficiência da gestão de activos.

4.2 Análise e apresentação dos resultados dos debates dos grupos de discussão

No total, nove pessoas dos quadros superiores, três de cada um dos serviços públicos do Estado objeto de inquérito, foram contactadas através do zoom. O debate durou cerca de 56 minutos. 55 segundos.

4.2.1: Avaliação do grau de utilização das normas ISO 55000 na gestão de activos públicos na área de estudo, utilizando a discussão em grupo

Quadro 4.14: Avaliação do grau de utilização das normas ISO 55000 na gestão de activos públicos na área de estudo, utilizando a discussão em grupo

Questão	Resumo das respostas da ISO 55000	Requisitos para o debate o debate
a. Fora das disposições da norma ISO 55000, que é o mais utilizados em bens públicos gestão no seu organização?	Sete deles concordaram planeamento enquanto dois diferem no parecer e foi a favor de liderança e apoio respetivamente.	i Contexto da organização ii. Liderança iii. Planeamento iv. Apoio v. Funcionamento vi. Desempenho vii. Melhoria
b. Como é que a utilização de A ISO 55000 ajudou a cumprir as suas necessidades organizacionais e expectativas?	Seis dos inquiridos opinou que os ajuda a tomada de decisões enquanto três deles ecoaram que lhes permita garantir as melhores práticas em	A organização deve desenvolver, estabelecer, implementar e manter activos simples sistema de gestão, incluindo os processos necessárias e as suas interações com o sistema interno e factores externos, em conformidade com a norma ISO 55000 normas.
c. Como um gestor de activos de topo o serviço público, sim utilizar a disposição da ISO 55000 no seu dia a dia actividades de gestão?	Os nove afirmaram	A norma ISO 55000 é um guia para todos os envolvidos na gestão de activos actividades e prestadores de serviços no seu quotidiano actividades
d. Em caso afirmativo, como?	Quatro disse que ao desenvolver um requisitos de liderança modelo, três responderam	

	lista de controlo do desempenho e dois operacionais declarados lista de controlo	
e. Já alguma vez planeou e falhou? Quais são os factores que utilizado que fez o seu plano falhar?	Seis afirmaram que não, enquanto três afirmado sim Menos recursos disponíveis para a implementação e catástrofe natural devido a inundações.	Ao planear a realização de um objetivo específico, a organização deve determinar e documentar; a. Método e critérios para a tomada de decisões; b. Processos e métodos a utilizar para gerir os seus activos ao longo do seu ciclo de vida; c. O que será feito; d. Que recursos serão necessários; e. Quem será o responsável; f. Quando será concluída; g. Como é que o resultado será avaliado; h. O horizonte temporal adequado necessário; i. Implicações financeiras e não financeiras; j. O período de revisão; e k. Acções para fazer face aos riscos e oportunidades.
f. Mencionar os principais apoios regularmente utilizado por si em ISO 55000 na gestão do património público.	Cinco dos participantes no o debate apontou quando, o quê e onde comunicar como um dos principais apoio à norma ISO 55000 utilizam regularmente, enquanto quatro acordado garantindo melhoria das competências através de um plano de desenvolvimento contínuo como apoio regularmente utilizado.	A ISO 55000 destaca os seguintes aspectos como apoio necessário; i. Recursos ii. Competências do pessoal iii. Conhecimento da política da organização iv. Comunicação interna e externa v. Necessidade de informação e documentação informações;
g. Como é que se pode definir apoios contidos em ISO 55000?	Definiram o apoio como qualquer processo ou material que facilita o seu objetivo.	De acordo com a norma ISO 55000, o apoio pode ser definido como como todos os recursos necessários para a estabelecimento, implementação, manutenção e a melhoria contínua do ativo sistema de gestão.

h. Quais as principais ferramentas que utilizar para garantir melhoria do património público gestão?	As correcções proactivas foram a não-conformidade e a ação corretiva, acordada como um instrumento importante melhoria contínua e ação preventiva. utilizados para a melhoria da património público.

Fonte: Inquérito de campo (2024)

No Quadro 4.14, o planeamento, a liderança e o apoio foram mencionados, respetivamente, como as disposições da ISO 55000 mais utilizadas na área de estudo. O debatedor revelou ainda que as disposições da ISO 55000 ajudam a tomar decisões e a adotar as melhores práticas. A Tabela 4.16 mostra que os gestores de activos utilizam as disposições da ISO 55000 através do modelo de requisitos de liderança, da lista de verificação do desempenho e da lista de verificação operacional na sua gestão quotidiana dos activos públicos. Os factores utilizados pelos participantes no debate que fizeram fracassar o seu plano foram a falta de recursos disponíveis para a implementação e as catástrofes naturais devidas a inundações. As correcções proactivas foram acordadas como as principais ferramentas utilizadas para melhorar a gestão dos bens públicos.

4.2.2: Discussão em grupo sobre a relação entre a conformidade com a norma ISO 55000

Padrões e desempenho do ativo público na área de estudo

Quadro 4.15: Discussão em grupo sobre a relação entre a conformidade com a norma ISO 55000

Padrões e desempenho do ativo público na área de estudo

Nove pessoas da população do estudo participaram na discussão através do zoom.
A discussão durou cerca de 20 minutos.

S/N	Questão	Resumo das respostas	Disposições de avaliação do desempenho de Normas ISO 55000.
a.	Como um bem público gestor, o que medida de desempenho utiliza para validar a sua conformidade com ISO 55000?	qualidade, quantidade e segurança, capacidade, aptidão para objetivo, estética, fiabilidade, capacidade de reação, ambiental aceitabilidade	a) Controlo, medição e análise. b) Controlo interno c) Análise da gestão
b.	Como é que utiliza o informações em pergunta "a" no seu tomada de decisões processo?	Custos e rendibilidade orienta a maior parte das suas processo de tomada de decisão.	Melhoria contínua para o rendibilidade, adequação e eficácia da gestão de activos sistema

c. Nos seus próprios termos, escrever a palavra que melhor se adequa descrever o relação.	Eficiente e eficaz relação	Compreender as necessidades e expectativas das partes interessadas e dos activos requisitos do sistema de gestão definir os indicadores de desempenho sistema de gestão.
h. Quais as principais ferramentas que utilizar para garantir melhoria do património público gestão?	As correcções proactivas foram a não-conformidade e a ação corretiva, acordada como um instrumento importante ação preventiva. utilizados para a melhoria da património público.	melhoria contínua e

h são as variáveis efectivas tais que
o 9.1 estabelece os requisitos para a avaliaça Enquanto a secção 9.1 estabelece os requisitos para a avaliação do desempenho, que incluem o controlo, a auditoria interna e a análise da gestão.

Fonte: Inquérito de campo, 2024

A partir do quadro 4.15, os participantes referiram a qualidade, a quantidade, a segurança, a capacidade, a adequação à finalidade, a estética, a fiabilidade, a capacidade de resposta e a aceitabilidade ambiental como medidas de desempenho utilizadas para validar a conformidade com a norma ISO 55000. Também revelaram que o custo e a rentabilidade orientam a maior parte do seu processo de tomada de decisões, descrevendo a relação entre a conformidade e o desempenho como eficiente e eficaz.

4.3 Discussão dos resultados

Os resultados do estudo são discutidos a seguir:

4.3.1 Nível de sensibilização para a ISO 55000 como norma do património público

O resultado revelou que os inquiridos têm um nível muito elevado de conhecimento das normas ISO 55000 nas áreas de estudo. Na Tabela 4.7, todas as disposições da ISO 55000 obtiveram uma classificação elevada. Esta disposição foi reforçada pela concordância dos profissionais das diferentes localidades do sul da Nigéria quanto ao facto de o nível de conhecimento da ISO 55000 variar entre os profissionais em função da sua experiência e exposição. Isto não é surpreendente, uma vez que as normas da ISO (organização internacional de normalização) são normalmente ensinadas como parte do currículo do ensino superior e também como profissionais registados, as normas ISO devem fazer parte da sua ética de trabalho diária. Este facto está de acordo com as conclusões de Visser e Botha (2015), que confirmam que a maioria dos profissionais no seu estudo estava ciente das disposições das normas ISO 55000 e ocupava uma posição de gestão, quer como diretor quer como supervisor. Este é um guia quando o nível de consciencialização pode ser utilizado para navegar na implementação da norma.

4.3.2 Barreiras à norma ISO 55000 na gestão dos activos das infra-estruturas públicas na área de estudo

A partir da Tabela 4.8, os resultados do estudo revelaram que a ausência de um quadro jurídico sobre os deveres e as pessoas envolvidas nos vários aspectos da manutenção dos activos (falta de responsabilidade jurídica) é a maior barreira à implementação da ISO 5500 na área de estudo (Tabela 4.8). Os resultados revelaram que os inquiridos classificaram todos os itens como barreiras que impedem a implementação das normas ISO 55000 para a gestão dos activos das infra-estruturas públicas em grande medida. Estes incluem a falta de responsabilidade legal, um elevado nível de corrupção financeira entre os funcionários públicos, a falta de financiamento para a gestão de projectos de infra-estruturas, a fraca qualidade das infra-estruturas públicas e a cultura de manutenção, a mudança organizacional e institucional inconsistente dos organismos para-estatais do governo, etc. Estas conclusões estão em consonância com algumas conclusões de Malectic, Grabowska e Maletic (2023), que identificam a mentalidade/pensamento e cultura existentes, a rigidez do organismo regulador, a falta de responsabilização e de apoio à gestão, a corrupção e a insuficiência de recursos humanos como alguns dos obstáculos à implementação da norma ISO 55000.

4.3.3: Impulsionadores da ISO 55000 na Gestão de Bens Públicos no Sul da Nigéria

Os resultados do estudo revelaram que existem factores impulsionadores da ISO 55000 na gestão dos bens públicos nas áreas de estudo. Os resultados revelaram que os inquiridos classificaram todas as variáveis apresentadas na Tabela 4.9 como impulsionadoras da ISO 5500, na gestão de activos públicos nas áreas de estudo. Estas incluem o planeamento adequado, a recolha e partilha contínuas de dados, o fornecimento de apoio técnico para a gestão de activos, a mudança cultural em relação ao conceito de gestão de activos públicos, o alinhamento das políticas nacionais e estatais em relação à gestão de projectos, os sistemas integrados de gestão das capacidades, a atribuição eficiente de recursos, a comunicação eficaz entre os níveis de governo e as agências envolvidas e a atribuição eficiente da liderança, a colaboração eficiente com as agências apropriadas, a sensibilização para a importância da gestão de activos públicos, a aquisição de activos informada, a gestão eficaz dos riscos, o acompanhamento e a avaliação adequados, a melhoria contínua e o acompanhamento da medição do desempenho como factores que têm as maiores perspectivas de garantir que as normas ISO 5500 possam ser implementadas no sul da Nigéria. O resultado classificou o planeamento adequado como o principal motor da ISO 5500 na gestão dos activos públicos nas áreas de estudo. Este estudo está em consonância com Eric (2011) e Malectic, Grabowska e Maletic (2023), que destacam os motores da implementação das normas ISO 55000 como a redução de custos, o planeamento adequado, a mudança tecnológica, o benefício esperado na gestão do risco, a melhoria da tomada de decisões e as oportunidades na monitorização das condições como principais motores da implementação da ISO 55000 para a transformação digital na gestão de ativos. Além disso, algumas conclusões de Visser e Botha (2015) referem-se a inquéritos realizados para determinar a importância dos 39 temas da gestão de activos. O resultado do inquérito indicou que os temas mais importantes são a estratégia e os objetivos da gestão de ativos, a política de gestão de ativos, o planeamento estratégico e a liderança da gestão, o que é semelhante aos fatores impulsionadores da ISO 55000 identificados no presente estudo.

4.3.4 Avaliação do grau de utilização das normas ISO 55000 na gestão e manutenção de activos públicos no Sul-Sul da Nigéria.

Os resultados do estudo revelaram que o grau de utilização da norma ISO 550000 é muito elevado na área de estudo, de acordo com o Quadro 4.10. Esta informação foi ainda validada pela inferência na discussão do grupo de foco na Tabela 4.10, que mostrou que a maioria dos gestores de activos públicos forneceu respostas relacionadas com o fornecimento de normas ISO 55000. De acordo com Visser e Botha (2015), a estratégia e o objetivo da gestão de activos; a política de gestão de activos; as operações de activos e o planeamento estratégico; o plano de gestão de activos; a prestação de serviços de manutenção; a liderança na gestão de activos; a tomada de decisões de investimento de capital e a avaliação de riscos; e a engenharia de fiabilidade são as dez disciplinas mais importantes ensinadas nas instituições superiores a estudantes de engenharia e de gestão de activos que não são engenheiros. Estas matérias fazem parte das disposições da norma ISO 55000, o que contribui para o elevado grau de utilização pelos gestores profissionais de activos públicos na área de estudo.

4.3.5: Determinar o desempenho das infra-estruturas públicas no Sul da Nigéria com base em indicadores-chave de desempenho (KPI) para a gestão de activos

A partir dos Quadros 4.11, foi pedido aos inquiridos que determinassem o desempenho das infra-estruturas públicas no Sul da Nigéria com base nos indicadores-chave de desempenho para a gestão de activos. Os quadros revelaram que os itens 1 a 8, que indicam as variáveis de eficácia, foram classificados como elevados em termos de desempenho; além disso, os itens 10 a 11, que indicam as variáveis de eficiência, o custo foi classificado como muito baixo, enquanto a rendibilidade foi classificada como baixa em termos de desempenho. De acordo com Nnamdi (2016), numa tentativa de cobrir o desempenho abismal da Comissão de Desenvolvimento do Delta do Níger, o governo federal criou um comité de acompanhamento presidencial para analisar as actividades da comissão. Os resultados revelaram que, em 609 projectos de infra-estruturas monitorizados, 285 projectos, representando 46,8%, falharam em termos de desempenho. De acordo com Nnamdi (2016), a variação no custo das infra-estruturas públicas pode ser inevitável em alguns casos devido à inflação e a outros acontecimentos imprevistos, mas a má concetualização e conceção também contribuíram para a incapacidade de fazer uma estimativa realista do custo dos materiais e do custo de todo o projeto. De acordo com Ika (2012), os funcionários públicos, os empreiteiros e os gestores de activos corruptos continuaram a explorar esta lacuna em seu benefício, de tal forma que as variações acabam por elevar o custo dos projectos de infra-estruturas públicas em várias magnitudes, conduzindo, na maioria das vezes, ao fracasso dessas infra-estruturas, satisfazendo as razões pelas quais as variáveis de eficiência do custo e da rentabilidade foram classificadas como baixas.

4.3.6: Relação entre o grau de utilização da ISO 55000 e o desempenho das infra-estruturas públicas com base em indicadores-chave de desempenho

A Tabela 4.13 revelou a análise de correlação entre o preditor e as variáveis de critério. A tabela revelou que o coeficiente de correlação sobre a relação entre o desempenho do ativo de infra-estruturas públicas utilizando KPI e o grau de utilização é 0,821** com base na categorização da Tabela 4.12, o valor r indica uma relação positiva muito forte. O coeficiente de correlação indica que existe uma relação positiva forte entre a variável independente e a variável dependente, o que significa invariavelmente que um aumento do grau de utilização está associado ao desempenho do ativo de infra-estruturas públicas utilizando KPI. Estas conclusões são semelhantes às de Imad, Maitha & Mohammad (2021), cujo estudo aborda a questão dos indicadores-chave de desempenho, avaliando o impacto da norma ISO 55000 num conjunto de empresas com certificação ISO nos Emirados Árabes Unidos. O teste de hipóteses sobre a diferença entre o estado de cada KPI antes e depois da implementação da ISO 55000 utilizou a avaliação linguística e o teste de sinal para duas amostras dependentes não paramétricas. No entanto, a norma ISO 55000 tem um efeito positivo em todas as perspectivas identificadas (financeira, do cliente, comercial e de aprendizagem e crescimento), o que indica que as organizações que adoptam a certificação da norma

internacional ISO 55000 poderão obter um melhor desempenho através de uma gestão eficaz e eficiente dos seus activos. Consequentemente, uma
o aumento do grau de utilização da ISO 55000 melhorará o desempenho das empresas públicas
infra-estruturas utilizando indicadores-chave de desempenho da gestão de activos.

CAPÍTULO 5

RESUMO DOS PRINCIPAIS RESULTADOS, CONCLUSÃO E RECOMENDAÇÕES

Este capítulo centra-se nos resultados do estudo, na conclusão, nas recomendações e nas sugestões para estudos futuros.

5.1 Resumo das principais conclusões

As conclusões do estudo são resumidas da seguinte forma:

1. Os inquiridos consideram que existe um nível muito elevado de conhecimento das normas ISO55000 nas áreas de estudo por parte dos gestores de activos públicos, com uma pontuação média de 3,88 e superior para todas as variáveis identificadas na ISO 55000 (Quadro 4.7).
2. A ausência de um quadro jurídico sobre os deveres e as pessoas envolvidas nos vários aspectos da manutenção de activos (falta de responsabilidade jurídica) é a maior barreira à implementação da ISO 55000 na área de estudo, com uma pontuação média de 4,38, enquanto a falta de tecnologia necessária e de conhecimentos técnicos é classificada como a menor barreira, com uma pontuação média de 3,66 (Quadro 4.8).
3. Entre todos os factores que contribuem para a aplicação da norma ISO 55000 na gestão de activos de infra-estruturas públicas, o planeamento adequado é o que tem maior impacto na aplicação da ISO 55000 aos activos públicos na área pública, com uma classificação média de 4,35, ao passo que a aquisição de activos informada é a que tem menor classificação, com uma classificação média de 3,56. (Quadro 4.9)
4. O grau de utilização da ISO 55000 entre os gestores de activos públicos na área de estudo é muito elevado. O planeamento foi classificado como o mais elevado, com uma pontuação média de 4,2, enquanto o apoio e a melhoria contínua obtiveram a pontuação média mais baixa, de 3,88, respetivamente (Quadro 4.10, Quadro 4.14).
5. Entre outros indicadores-chave de desempenho (KPI) identificados para o desempenho das infra-estruturas públicas no Sul da Nigéria, as variáveis de eficácia obtiveram a classificação mais elevada, com uma pontuação média de 3,68 e superior, enquanto as variáveis de eficiência obtiveram a classificação mais baixa no desempenho dos activos de infra-estruturas públicas, com uma pontuação média de 2,37 e inferior (quadro 4.11).
6. Existe uma relação significativa entre o grau de utilização da norma ISO 55000 e o desempenho dos activos públicos utilizando indicadores-chave de desempenho da gestão de activos.
7. Foi revelado que o coeficiente de correlação sobre a relação entre o desempenho dos activos de infra-estruturas públicas utilizando os KPI e o grau de utilização é de 0,821** com base na categorização da Tabela 4.12, o valor r indica uma relação positiva muito forte entre a eficiência da gestão de activos e o grau de utilização, o que implica que um aumento do grau de utilização está associado à eficiência da gestão de activos.

5.2 Conclusão

Com base nos resultados deste estudo, concluiu-se que a ISO 55000 não é um conceito estranho aos profissionais responsáveis pela gestão de activos. O planeamento adequado e a melhoria contínua são os principais motores da ISO 55000, embora tenha sido dada menos atenção à aquisição informada de activos como motor. A implicação é que as pessoas devem deixar de ver os bens públicos como um assunto de , assegurando a reorientação do nosso sistema de valores culturais para garantir a eficiência e a eficácia do nosso sistema de

planeamento da gestão. A principal barreira à implementação da ISO 55000 no Sul da Nigéria é a falta de responsabilidade legal; isto implica que as câmaras de assembleia de vários estados devem domesticar uma lei para apoiar a ISO 55000
como um padrão internacionalmente reconhecido para as melhores práticas de gestão de activos gestão de activos nos vários organismos públicos estatais. Isto assegurará que as competências corretas sejam contratadas para as funções corretas nos nossos organismos públicos e também para combater a corrupção. Além disso, o nível de consciencialização e a extensão da utilização da ISO 55000 na área de estudo são elevados; isto implica que algumas das disposições são praticadas tradicionalmente em algumas partes, sem um apoio legal compressivo para adotar o documento como um modelo padrão para a gestão de activos nos vários organismos públicos estatais. Em conclusão, existe uma relação significativa entre o grau de utilização da norma ISO 55000 e o desempenho das infra-estruturas públicas com base em indicadores-chave de desempenho (KPI) para as normas de gestão patrimonial no Sul da Nigéria.

5.3 Recomendações.

A norma ISO 55000 exige que tudo seja documentado, incluindo os processos, procedimentos, etc., e as medições e outros relatórios que comprovem a conformidade. Com base nas conclusões a que se chegou, foram feitas as seguintes recomendações:

1. Deve ser dada mais atenção à aquisição de activos e à gestão da cadeia de abastecimento nas nossas instituições públicas para melhorar a eficiência do desempenho dos activos.
2. As assembleias legislativas dos vários Estados devem adotar uma lei que apoie a ISO 55000 como norma internacionalmente reconhecida para as melhores práticas de gestão de activos.
3. Mais campanhas de sensibilização para assegurar a reorientação do nosso sistema de valores culturais, a fim de garantir a eficiência e a eficácia do nosso sistema de planeamento da gestão
4. É necessário aumentar a sensibilização para a utilização da norma ISO 55000, uma vez que esta tem uma relação de correlação positiva com o desempenho dos activos de infra-estruturas públicas, a fim de garantir melhores práticas entre os gestores de activos públicos.
5. O valor de cada ativo de infraestrutura pode ser associado ao seu custo e à sua rentabilidade e deve ser adotado como um fator determinante para medir o desempenho das infra-estruturas públicas do Estado ao longo do seu ciclo de vida.

5.4 Contribuição para o conhecimento

As principais contribuições deste estudo para o corpo de conhecimentos incluem:

1. Esta investigação forneceu uma visão qualitativa aprofundada sobre o grau de utilização da norma ISO 55000 na gestão dos activos das infra-estruturas públicas nas áreas de estudo.
2. Este estudo estabelece que o desempenho das infra-estruturas públicas no Sul da Nigéria é elevado em termos de eficácia mas baixo em termos de eficiência.
3. A investigação identifica barreiras críticas à ISO 55000 na gestão de activos de infra-estruturas públicas na área de estudo, o que ajudará os gestores de activos a evitarem armadilhas.

5.5 Sugestões para estudos futuros

Foram feitas as seguintes sugestões para estudos futuros:

1. O impacto dos obstáculos às normas ISO 55000 na gestão da manutenção dos activos das infra-estruturas públicas na Nigéria.
2. Modelação de um quadro de gestão da manutenção de bens públicos no Sul da Nigéria

com base na norma ISO 55000.

3. Uma avaliação comparativa dos factores responsáveis pela adaptação legal da ISO 55000 na Nigéria.

REFERÊNCIAS

AASHTO.(2012) Guia de Gestão de Activos de Transporte, preparado para o National Programa Cooperativo de Investigação Rodoviária (NCHRP), *Publicação AASHTO RP TAMG-1: Washington D.C.*

Adegboye, K. (2017). Estradas sem capacidade automóvel na Nigéria. *Vanguard Newspapers, 25 de julho de 2017.*

Adekunle, A. M. (2011): Public-private partnership as a policy strategy of infrastructure financing in Nigeria. *www.google.com, recuperado em 10/05/2012.*

Aderibigbe, A. (2015). Secretariado Federal: A podridão 24 anos depois. *Jornal The Nation, 22 de setembro de 2015.*

Adetayo, O. (2020). A grande corrupção negou à Nigéria a revolução das infra-estruturas, diz Buhari. *Jornal Punch, 1 de maio de 2018*

Adetayo, O. (2018). A grande corrupção negou à Nigéria a revolução das infra-estruturas, diz Buhari. *Jornal Punch, 1 de maio de 2018.*

Agbola T. (1998). A habitação dos nigerianos: A Review of policy development and Implementation. *Relatório de investigação n.º 14.*

Ajakaiye, F. (2018). Fashola: A falta de economia de manutenção impede a gestão regular e eficaz dos bens públicos. *Disponível em https:// www.thisdaylive. com/ index. php/ 2018/05/28/Fashola-lack-of-maintenance-economy-hinders-regular-effective- management-of-public-assets/*

Ajanlekoko, J. S. (2011). Sustainable Housing Development in Nigeria: the Financial and Infrastructural Implication (Desenvolvimento Sustentável da Habitação na Nigéria: Implicações Financeiras e Infra-estruturais). *thttp://www.fig.net/pub/ proceedings/Nairobi/ajan lekokocmws1-1.pdf.*

Aker Solutions. (2010). Estratégia de engenharia de manutenção *BD01AK O-05002: Greater sEkofisk Area Development, Rev 01, Emitido em 28 ª setembro de 2009.*

Akinlolu M. & Haupt T.C (2020) Investigando um espaço dominado pelos homens: Perceção de estudantes do sexo feminino sobre culturas de género em locais de trabalho de construção. *Processo da ª Conferência de Pesquisa de Pós-Graduação do Conselho de Desenvolvimento da Indústria da Construção (CIBD) 11, 43-55, 2020.*

Al Mahrouq, M., (2010). Success Factors of Small and Medium-Sized Enterprises (SMEs). *O caso da Jordânia. Universidade de Anadolu. 10(1), pp. 89-90.*

Al-Bahar, J., e Crandall, K. (1990).Systematic risk management approach for construction *projects. 10.1061/(ASCE) 0733- 9364(1990)116:3(533), 533-546.*

Amara, T.C (2009). Principles and Practice of Public Enterprise Management in Nigeria (Princípios e práticas de gestão de empresas públicas na Nigéria*). Abake Expert books.*

Austroads, Integrated Asset Management Guidelines for Road Networks. 2002, *Austroads Incorporated: Sydney, Austrália.*

Bartlett, S.,(2002) Asset Management in a de-regulated environment, in CIGRE *TF23.18 Paper 23-303: Paris.*

Bourke, K., Ramdas, V., Singh, S., Green, A., Crudgington, A., &Mootanah, D. (2015).Achieving Whole Life Value in Infrastructure and Buildings. *Garston, Watford: Building Research Establishment.*

Brighu U. (2008) Asset Management in Urban Water Utilities: Case Study in India,

Universidade de Cranfield *www.dspace.lib.cranfield.ac.uk*
British Standard Institution, (BS ISO 55000) (2014): Gestão de activos - visão geral, princípios e terminologia, 1.º, normas BSI.
Brown, C., A (2015) Holistic Approach to the Management of Electrical Assets within an Australian Supply Utility, in Sydney Graduate School of Management, *University of Western Sydney: Sydney.*
Cagle R.F. (2013) Addressing infrastructure decline through proactive asset management *http://hdl.handle.net/1853/48190.*
Cagle R.F. (2013) "Irastructure asset management: An Emerging Diretion" *https://search.proquest.com/openview/7122145e766a43cc88dcf230f937fae9/1?pq-origsite=gscholar&cbl=27161.*
Cagle, R. F. (2013). Gestão de activos de infra-estruturas: Uma direção emergente. *AACE International Transactions PM21.*
Chandler A. (2014), Strategy and structure. Cambridge, MA: MIT Press.
Clift, .M. R., e Butler, A. (1995). The performance and costs-in-use of buildings: a new approach. Building Research Establishment.
Cokins, G., (2004) Performance Management: Finding the missing pieces, New Jersey: John Wiley & Sons, Inc.
Conselho de Desenvolvimento da Indústria da Construção (2007), Estratégia Nacional de Manutenção de Infra-estruturas: Infrastructure Maintenance Budgeting Guideline. *Conselho de Desenvolvimento da Indústria da ConstruçãoPretória, África do Sul.*
Cooper. R.G, Edgett. S.J. & Kleinschmidt. E.J. (2000). Gestão de portfólio: Fundamental para o sucesso de novos produtos. *The PDMA toolbook for new product development. Wiley & Sons*
Dahms, L,(1987). Conselho Nacional para a Melhoria das Obras Públicas (EUA), Conselho Nacional de Investigação (EUA). Comité de Inovação em Infra-estruturas, Infrastructure for the 21st century: a framework for a research agenda. *Washington D.C.: National academy press.*
Dana J. Vanier, (2011) "Why Industry Needs Asset Management Tools," *Journal of Computing in Civil Engineering* 15, no. 1 (2001): 35-43.
Danielsson..M.(2014).*EkonomistyrningIfastighetsförtag.*Stockholm: KungligaTekniskaHögskolan.
Danylo N., A. Lemer, (2018). Gestão de activos para o gestor de obras públicas: Challenges and Strategies, Findings of the APWA Task Force on Asset Management, *1998www.apwa.net/documents/resourcecenter/ampaper.rtfN* .
Dijick, K. V., &Widlund, L. (2003).Nyckeltal& Benchmarking. Stockholm: KTH.
Efange, P (2011). An Overview of Public and Private Enterprise in Africa (Uma visão geral das empresas públicas e privadas em África). New Delhi.
Elhakeem Ahmed e Hegazy Tarek (2012). Gestão de ativos de edifícios com rastreamento de deficiências e otimização integrada do ciclo de vida Estrutura e engenharia de infraestrutura *8 (8), 729-738,2012*
Eric G. Too (2011).Strategic Infrastructure Asset Management: The Way Forward.
Eric, G. Too, (2010). Um quadro para a gestão estratégica de activos de infra-estruturas. Crc for Integrated Engineering Asset Management, Universidade de Tecnologia de Queensland, Brisbane, Austrália.
Ezeani, E.O (2016). Fundamentos da Administração Pública: Enugu: Zik-Chuks Publishers.

Ezeudu, T. S. (2011). Gestão de empresas públicas na Nigéria: Um estudo de caso da NTA, Awka.

Imad A., Maitha A., Sadeque H. e Mohammad S. (2018), Impacto do desempenho organizacional da ISO 55000: Evidências de empresas certificadas dos Emirados Árabes Unidos. *Gestão da qualidade total e excelência empresarial 32(1-2), 134-152, 2021*

FHWA, F. H. A. (1999). Asset Management Primer: Federal Highway Administration, US Department of Transportation.

Fulmer, Jeffrey (2019) O que são as infra-estruturas? *Investidor em infra-estruturas do PEI 3032.*

Gondo M.B, e Amis J.M, (2013), analisaram as práticas, os desafios e as opções políticas utilizadas no(s) sector(es) da água e do saneamento com activos municipais nos novos países em desenvolvimento.

Hamutak, Luta (2019). "Comentários da sociedade civil sobre o sector estratégico das infra-estruturas"

Hanis M.H, Bambang T., e Connie S. (2011) A aplicação da gestão de activos públicos na administração local da Idonésia Idonésia: A estudo de caso no Sul Província de Sulawesi do Sul.

março 2011-13(1):36-47 DOI: 10.1108/14630011111120332

Hardwicke L (2005). As Infra-estruturas Infra-estruturas Report Card. Barton,

ACT: Engenheiro da Austrália.

Hardwicke, L.(2005). Australian Infrastructure Report Card. Barton, ACT: Engineers Australia.

Hassanain M.A, Froese T.M, Vainer D.J, (2001) Desenvolvimento de um modelo de gestão da manutenção baseado nas normas da IAI. Inteligência Artificial em Engenharia, 15:177-193.

Holodny, E. (2015). Os 11 países com as melhores infra-estruturas do mundo. Business Insider, 2 de outubro de 2015.

Houston, TX: Clarion Technical. Saranga, H. e J, Knezevic. (2010). "Reliability prediction for condition based maintained systems" (Previsão da fiabilidade para sistemas de manutenção baseados na condição) Fiabilidade

Engenharia e Segurança de Sistemas, 71 (2): 219 224.

Ibifuro, Ihemegbulem e David Baglee (2017). O papel da norma ISO 55000 na integridade dos activos Relatório de infra-estruturas, (2017). *Sociedade Americana de Engenheiros.*

FMI. 2014b. Perspectivas económicas mundiais: Legados, Nuvens, Incertezas. Washington, DC, outubro.

FMI. 2018. Monitor Fiscal: Gestão da riqueza pública. Washington, DC, outubro,

FMI. 2019. Monitor Fiscal: Curbing Corruption. Washington, DC, abril. *Fórum Internacional dos Transportes (ITF). 2012. Performance Measurement in the Roading Setor: A Cross-Country Review of Experience. Paris: ITF.*

Institute of Asset Management, Asset Management - Anatomy, *vol. 1.1, The Institute of Asset Management, Bristol UK, 2012.*

IPWEA, Manual Internacional de Gestão de Infra-estruturas. 2006, Instituto de Engenharia de Obras Públicas da Austrália.

ISO 55000: 2014, Gestão de activos Visão geral, princípios e terminologia.

ISO 55001: 2014, Gestão de activos - Requisitos dos sistemas de gestão.

ISO 55002: 2014, Gestão de activos - Sistemas de gestão - Orientações sobre a aplicação da ISO 55001.
ISO/CD55000, 2012. Gestão de activos - Visão geral, princípios e terminologia. s.l.:s.n.
Ite, A. E., U. J. Ibok, M. U. Ite, e S. W. Petters, "Petroleum Exploration and Production: Past and Present Environmental Issues in Nigeria's Niger Delta," *American Journal of Environmental Protection*, 1 (4). 78-90, 2013.
John Woodhouse, Steve Hornsby, Tim O'Neil, Chris Murray e Eric Layer (2009).Enabling the Benefits of PAS55: The new standard for standard management in the industry.
Jonsson, D.K (2005). The Nature of Infrastructural System (A Natureza do Sistema de Infra-estruturas). *Revista Infraestrutura 11. (1) 2.*
Komljenovic, D., Gaha, M., Abdul-Nour, G., Langheit, C., & Bourgeois, M. (2016).Risks of extreme and rare events in Asset Management. Ciência da Segurança, 88, 129-145.
Kristjampoller F. (2017) Integração da norma de gestão de activos ISO 55000 com uma gestão da manutenção.
Kumaraswamy, M.M. e S.M. Dissanayaka, Linking procurement systems to project priorities. Building Research and Information, 1998. 26(4): p. 223-38.
Laleye, M (2010). Empresa Pública na Administração: *Public Administration in Africa Main Issues and Selected Country Studies.*
LGV, Política, Estratégia e Plano de Gestão de Activos. 2004, *Departamento das Comunidades Vitorianas, Governo Local de Vitória: Melbourne.*
Lightfoot, H.W., Baines, T. e Smart, P (2011). "Examining the information and communication technologies enabling serviced manufacture" Proceedings of the Institution of Mechanical Engineers, Part B: Journal of Engineering Manufacture, 225 (10): 1964-1968.
Maletic D., Grabowska M., & Maletic M. (2023). Drivers e Barreiras da Transformação Digital na Gestão de Ativos. *Revisão de gestão e engenharia de produção, vol.14, no.1, março de 2023. Pp. 118-126.*
Meaghan Scanlon (2024). *https://www.qld.gov.au*
Minnaar, J.R., Basson, W., e Vlok, P.J. Métodos quantitativos necessários para a implementação da PAS 55 ou da série ISO 55000 para a gestão de activos. *South African Journal of Industrial Engineering,* vol. 24, 98-111, 2013.
Mitchell, J.S. (2012). Manual de Gestão de Activos Físicos. 3ª ed.
Mohammad S, SadequeHamdan,(2018). Desafios da implementação da ISO 55000: um estudo de caso de um instituto educacional, *Anais da Conferência Internacional de Engenharia Industrial e Gestão de Operações Bandung, Indonésia, março de 68.*
Mohammad SoroushTafazzoli, (2017).Strategizing Sustainable Infrastructure Asset Management in Developing Countries. *Conferência Internacional sobre Infra-estruturas Sustentáveis, 2017.*
Mohammad Soroush-Tafazzoli, (2017) Strategizing Sustainable Infrastructure Asset
Gestão em países em desenvolvimento. NSW Treasury, Total Asset Management, em TAM 2004. 2004: Sydney.
Mootanah, D. (2005). Researching Whole life Value Methodologies for Construction. Londres, Reino Unido: Associação de Investigação e Informação da Indústria da Construção (CIRIA).
Mootanah, D. (2005). Researching Whole Life Value Methodologies for Construction. Londres, Reino Unido: Associação de Investigação e Informação da Indústria da Construção (CIRIA).

Nnamdi N. (2016). Falha de projectos de infra-estruturas públicas na Nigéria: Causes, Effects and Solutions. *Texila International Journal of Management vol. 2, issue 2, Dec. 2016.*
Nnodim, O. (2021). A Nigéria precisa de 4,5 mil milhões de euros por ano para infra-estruturas - *Relatório. Jornal Punch, 25 de fevereiro.*
Nubi, (2020). O governo não tem nada a ver com os negócios - Nubi. Jornal Vanguard, 6 de janeiro.
O'Sullivan, Arthur; Sheffrinsteven M (2003). Economics: principles in action. *Upper Saddle River, N.J: Pearson Pretence Hall. P Obandan, M.I.*
OCDE (2014). Perspectivas regionais da OCDE 2014; Regiões e cidades: Where Policies and People Meet. Paris: *OECD Publishing.*
Ogbimi, F. (2017). Sem sector privado e sem infra-estruturas fiáveis. *The Guardian Newspapers, 16 de fevereiro de 2017.*
Ogbimi, F. (2018).Transformar as centrais eléctricas em infra-estruturas de aprendizagem. *The Nation, 29 de março de 2018.*
Ogidan, A. (2013). O governo revela uma agenda de desenvolvimento de infraestrutura de PPP de US $ 2,9 trilhões. *The Guardian, segunda-feira, 22 de julho de 2013, p. 15.*
Okoro J. (2015), Assement of Management Competencies Possessed by Postgradute University Business Education Students to Handle Entrepreneurship Busineaa Challenges in Nigeria. Revista de Educação e prática *6(18), 129-136, 2015*
Okumagba e Okereka, 2012: A política do petróleo e o plano diretor de desenvolvimento regional do Delta do Níger, a sua exequibilidade e a opção da boa vontade política: *An International Journal of Arts and Arts and Humanities*,1 (1), 277-287.
Oloke. O.C, Odetunmbi. O. A. & Akinwunmi. S.A (2022). Um exame do nível de envolvimento de técnicas modernas de portfólio para gestão de portfólio por empresas imobiliárias no estado de Lagos, Nigéria. *5ª Conferência Internacional sobre Ciência e Desenvolvimento Sustentável (ICSSD 2021) IOP Conf. Series: Ciências da Terra e do Ambiente 993 (2022) 012005 doi: 10.1088/17755-1315/993/1/012005*
Olokor, F. (2018). A Nigéria perde cerca de 2 mil milhões de dólares por ano devido a cuidados de saúde deficientes - FG. *Jornal Punch, 14 de setembro de 2018.*
Olufemi, AdedamolaOyedele. (2019). Desafios da gestão de activos de infra-estruturas na Nigéria. NAMS, Diretrizes para a tomada de decisões optimizadas: Uma abordagem sustentável para a gestão de infra-estruturas. *2004, Thames, NZ: Grupo Diretor Nacional de Gestão de Activos da NZ.*
Olupohunda, B. (2016). O custo de vandalizar propriedades públicas. *The Punch, 12 de abril de 2016.Dicionário de Etimologia Online Infraestrutura.*
Oyedele, O. A. (2018). Os princípios básicos da gestão de projectos. Osogbo, Nigéria: Atman Publishers.
Oyedele, O.A. (2012). Os desafios do desenvolvimento de infra-estruturas na governação democrática. Documento apresentado na Semana de Trabalho FIG 2012 Conhecer para gerir o território, proteger o ambiente, avaliar o património cultural Roma, *Itália, 6-10 de maio de 2012.*
Ozoemenam, J. &Akudinobi, Bernard &Nnodu, V. &Obiadi, I..(2018). Avaliação da qualidade da água de furos rasos e profundos na comunidade de Ekpan, Effurun, Estado do Delta, Nigéria. Ciências Ambientais da Terra. *77. 10.1007/s12665-018-7346-1.*
Ozor, E (2006). Empresas públicas na Nigéria*: A Study in Public Policy Making in a Changing Political Economy.*

Piyatrapoomi, N., Kumar, A., &Setunge, S. (2014). Quadro para a tomada de decisões de investimento sob risco e incerteza para a gestão de activos de infra-estruturas. *Investigação em Economia dos Transportes, 8, 199-214.*

Premium Times (2013). O FG gasta N5BN na reabilitação de rodas em Jigawa. *Premium Times, 13 de abril de 2013.*

Quan, G., Greenwood, G.W., Liu, D., Hu, S., (2017). Procura de horários de manutenção preventiva multi-objetivo: Combinando preferências com algoritmos evolutivos, European Journal of Operational Research *v 177, n 3, p 1969-1984.*

Governo de Queensland, Manual de Gestão Estratégica de Activos. (1996), Departamento de Obras Públicas de Queensland: Brisbane.

Raghuram, R. (2014). Implementação da Eficácia Global do Equipamento (OEE) Jornal de Pesquisa Científica 20 (5): 567- 576.

Revilla, A. J. & Fernandez, Z.,(2012). A relação entre a dimensão da empresa e a produtividade de I&D em diferentes regimes tecnológicos. Technovation, Volume 32, pp. 609-623.

Rinaldi, S. M., Peerenboom, J. P., & Kelly, T. K. (2001).Identificação, compreensão e análise de interdependências de infra-estruturas críticas. IEEE Control Systems, 21(6), 11-25.

Robbins, S. P., Judge, T. A., Odendaal, A. e Roodt, G. (2009). Comportamento Organizacional: Global and Southern African Perspectives. Cidade do Cabo, África do Sul: Pearson Education.

Sharif, A. e R. Morledge. A. (1994) Functional approach to modeling procurement systems internationally and the identification of necessary support frameworks.in 'East Meets West' CIB W92 Conference. *Hong Kong: Publicação do CIB.*

Sitzabee, W. E., &Harnly, M. T. (2013).A strategic assessment of infrastructure assetmanagement modeling. Air Univ Maxwell Afb Al Air Force Research Institute.

Sondalini, M., (2012). Como tornar o PAS 55 e a ISO 55001 bem-sucedidos, Lifetime Reliability

Soluções e disponível:*http://www.lifetime-reliability.com/free-articles/enterprise-asset-management/Make_PAS-55_and_ISO- 55001_Successful.pdf, pp. 1-8.*

Sonsa, S.A (2015) Public Enterprise in Developing Countries Legal Status Moscovo. Stephen Lewis. A ecologia das infra-estruturas e as infra-estruturas da Internet. Blogue hag pak.

Stapelberg, R.F. (2006), Infrastructure and Industry Assets Management Survey Research Report, CRC for Integrated Engineering Asset Management: Brisbane, Austrália.

Stevens, B., P. Schieb, e M. Andrieu, (2006) a Cross-sectoral Perspective on the Development of Global Infrastructures to 2030, em Infrastructure to 2030: Telecom, Land Transport, Water & Electricity, OECD Publishing: Paris.

Switzer, A., & McNeal, S. (2004). Developing A Road Map for Transportation Asset Management Research, *Journal of Public Works Management & Policy*, 8 (3), 162175.

Tafazzoli N, M., (2016). Uma abordagem abrangente para fazer uso sustentável do concreto durante o projeto e a construção. *Actas da Conferência Internacional sobre Materiais e Tecnologias de Construção Sustentável (SCMT4), 2016. Las Vegas, Nevada.*

Tafazzoli N.M., (2016). Um método para medir a eficiência do uso de materiais em projetos de construção. *Os Anais da 52ª Conferência Internacional Anual da Escola Associada de Construção.*

Jornal Este Dia (2018).Fashola: A falta de economia de manutenção impede a gestão regular e

eficaz dos bens públicos.
Tholana T. e Neingo P.N. (2016) Alargar a aplicação da PAS 55/ ISO 55000 à gestão de activos minerais. *Jornal do Instituto de Minas e Metalurgia da África Austral ISSN 2411-9717* http://dx.doi.org/10.17159/2411.9717/2016/v116n11a6
Thomä J. & Bizer, K., (2013) Proteger ou não proteger? Modos de apropriabilidade no sector das pequenas empresas. *Política de Investigação, Volume 42, pp. 35-49.*
Tijani, S. A., Adeyemi, A. O. e Omotehinshe, O. J. (2016). Falta de cultura de manutenção na Nigéria: The Bane of National Development. *Journal of Civil and Environmental Research, 8 (8), p. 1.*
Too, E. G. (2011) Capability for infrastructure asset capacity management. *Revista internacional de gestão estratégica do património,* 15(2), 139-151.
Too, E., M. Betts, e A. Kumar. (2006) A Strategic Approach to Infrastructure Asset Management, in BEE Postgraduate Research Conference, Infrastructure 2006: Sustainability & Innovation: Universidade de Tecnologia de Queensland, Brisbane.
Too, Eric G. e Betts, Martin (2014.) A strategic approach to Infrastructure Asset Management.
Tsarouhas, P., (2017). Implementação da manutenção produtiva total na indústria alimentar: um estudo de caso, Journal of Quality in Maintenance Engineering, 13(1): 5-18.
Van der Mandele, M., Walker, W., &Bexelius, S. (2006). Desenvolvimento de políticas para redes de infra-estruturas: *Journal of Infrastructure Systems*,12(2),69-76.
Vanier D., Halfway M., e Newton L, (2005). Sistema de gestão de activos de infra-estruturas municipais: State-Of- the art Review. Conselho Nacional de Investigação do Canadá. Otava
Visser J. K. e Botha T.A. (2015). Avaliação da importância dos 39 temas definidos pelo fórum global para a manutenção e gestão de activos. *South African Journal of Industrial Engineering Eng. Vol.26 n.1 pretoria. maio de 2015. ISSN 22247890*
Von B.L. (1968). Teoria Geral dos Sistemas: Foundations, Development, Applications. New York.
W.E.F. (2017) The Global Competitiveness Report 2015 - 2016 Klaus Schwab, Fórum Económico Mundial.
Wesam H. Beitelmal, Keith R. Molenaar, Amy Javernick-Will e Omar Smadi, (2020). Estratégias para melhorar a implementação da gestão patrimonial de infra-estruturas nos países em desenvolvimento.
White, G. P. (1996). A survey and taxonomy of strategy-related performance measures for manufacturing. *International Journal of Operations & Production Management,* 16 (3).
Woodhouse J. (2002) Aligning Infrastructure Investment and Maintenance with your Business Strategy, Londres. The Woodhouse Partnership.
Banco Mundial (2019).Infra-estruturas e Parcerias Público-Privadas. https://www.worldbank.org/en/topic/publicprivatepartnerships.
Younis, R. e Knight M.A.L (2014). Desenvolvimento e implementação de um quadro de gestão de activos para redes de recolha de águas residuais. *Tunneling and underground Space Technology 39, 130-13, 2014*

APÊNDICE A
CARTA DE TRANSMISSÃO

Departamento de Construção
Faculdade de Ciências Ambientais Universidade Nnamdi Azikiwe, Awka, Estado de Anambra

Caro(a) Senhor(a),

QUESTIONÁRIO SOBRE "AVALIAÇÃO DA CONFORMIDADE COM A ISO 55000 NA GESTÃO DE INFRA-ESTRUTURAS DE ORGANISMOS PÚBLICOS

Eu, Nwokolie Samuel Ifechukwu, sou estudante de pós-graduação no Departamento de Construção Civil da Universidade Nnamdi Azikiwe, Awka, Estado de Anambra. Estou a realizar um estudo sobre a "Investigação sobre a conformidade com a ISO 55000 na gestão de infra-estruturas de organismos públicos no Sul-Sul da Nigéria", em cumprimento parcial do requisito para a atribuição do grau de Mestre em Ciências (M. Sc.) em Gestão da Manutenção de Edifícios.

Por conseguinte, peço-lhe que preencha o questionário em anexo para esta investigação. Todas as informações fornecidas serão tratadas como confidenciais e serão utilizadas apenas para fins académicos. O tempo e o esforço despendidos nas respostas são muito apreciados.
Obrigado pela vossa colaboração.

Com os melhores cumprimentos,
Nwokolie Samuel Ife.
(Estudante)

QUESTIONÁRIO
SECÇÃO A

Assinale (\ ) a resposta que se aplica a si.

a. Género (a) Masculino ( ) (b) Feminino ( )

b. Qual é a sua faixa etária? (a) 20-30 (b) 31-40 (c) 41-50 (d) 51- Acima

c. Há quanto tempo está no sector da construção?

1. 1-5 anos ( ) b) 6-10 anos ( ) c) 11-15 anos ( ) d) 16-20 anos ( ) e) 20 anos e mais ( )

d. Habilitações académicas

(a) Doutoramento ( ) (b) Mestrado ( ) (c) Licenciatura ( )

(d) H.N.D. ( ) (e) WASC/GCE (f) outro especificar

Questões de investigação 1: Em que medida os gestores de bens públicos da zona de estudo têm conhecimento das normas ISO 55000 como documento para a gestão de activos?

S/N	DISPOSIÇÕES DA ISO 55000	Sensibilização muito elevada (VHA)	Consciência elevada (HA)	Consciência média (AA)	Baixa consciencialização (LA)	Sensibilização muito baixa (VLA)
		5	4	3	2	1
1	Planeamento					
2	Apoio					
3	Funcionamento					
4	Desempenho					
5	Liderança					
6	Melhoria contínua					
7	Política de organização					

Questão de investigação 2: Quais são os obstáculos à aplicação da norma ISO 55000 na gestão e manutenção dos activos das infra-estruturas públicas na área de estudo?

S/N	Artigos	SA	A	D	SD	U
		5	4	3	2	1
21	O motivo errado para o projeto de infra-estruturas					
22	Falta de avaliação e de controlo efectivos das infra-estruturas públicas					
23	Falta de financiamento para a gestão de projectos de infra-estruturas					
24	Má qualidade das infra-estruturas públicas e cultura de manutenção					
25	Falta de tecnologia e de conhecimentos técnicos necessários					
26	O público não é contabilizado como proprietário de infra-estruturas públicas					
27	Ausência de um quadro jurídico sobre os deveres e as pessoas envolvidas nos vários aspectos da manutenção dos activos (falta de responsabilidade jurídica)					
28	Elevado nível de corrupção financeira entre os funcionários públicos					
29	Cultura de manutenção deficiente					
30	Mau patrocínio da parceria pública e privada					
31	Inconsistente Mudança organizacional e institucional das paraestatais do governo					

Questão de investigação 3: Quais são os factores que levam à adoção das normas ISO 55000 para a gestão e manutenção dos activos das infra-estruturas públicas nas zonas de estudo?

S/N	Artigos	SA	A	D	SD	U
		5	4	3	2	1
1	Planeamento adequado					
2	Colaboração eficaz com os organismos competentes					
3	Comunicação efectiva entre os níveis de governo e as agências					
4	Mudança cultural para o conceito de gestão de activos públicos					
5	Sensibilizar para a importância da gestão dos activos públicos					
6	Prestação de apoio técnico à gestão de activos					
7	Alinhamento das políticas nacionais e estatais em matéria de gestão de projectos					
8	Sistemas integrados de gestão das capacidades					
9	Recolha e partilha contínua de dados					
10	Atribuição eficiente de recursos					
11	Melhoria contínua					
12	Acompanhamento e avaliação adequados					
13	Acompanhamento da medição do desempenho					
14	Gestão eficiente dos riscos					
15	Aquisição informada de activos					

Questão de investigação 4: Qual é o grau de utilização da norma ISO 55000 nos serviços públicos?

gestão e manutenção dos activos na zona de estudo?

S/N	DISPOSIÇÕES DA ISO 55000	VHU	HU	UA	LU	VLU
		5	4	3	2	1
1	**Planeamento**					
	c. Acções para fazer face aos riscos e oportunidades					
	d. Objectivos da gestão de activos					
2	**Apoio**					
	a. Recursos					
	b. Competência					
	c. Sensibilização					
	d. Comunicação					
	e. Requisitos de informação					
	f Informação documentada					
3	**Funcionamento**					
	a. Controlo do planeamento operacional					
	b. Gestão da mudança					
	c. Externalização					
4	**Desempenho**					
	a. Acompanhamento, medição, análise e avaliação					
	b. Auditoria interna					
	c. Análise da gestão					
5	**Liderança**					

	a. Compromisso					
	b. Política					
	c. Funções, responsabilidades e autoridades					
6	**Melhoria contínua**					
	a. Não-conformidade e ação corretiva					
	b. Acções preventivas					
	c. Melhoria contínua					
7	**Política de organização**					
	a. Compreender as necessidades e expectativas das partes interessadas					
	b. Determinar o âmbito do sistema de gestão de activos					
	c. Sistemas de gestão de activos					

Questão de investigação 5: Qual é o grau de desempenho das infra-estruturas públicas baseadas em activos?

sobre indicadores-chave de desempenho (KPI) para a gestão de activos?

S/N	KPI para a gestão de activos	VH	H	A	L	VL
		5	**4**	**3**	**2**	**1**
	Eficácia					
1	Quantidade					
2	Qualidade					
3	Segurança					
4	Capacidade					
5	Adequação do objetivo					
6	Estética					
7	Fiabilidade					
8	Acessibilidade					
9	Aceitabilidade ambiental					
	Eficiência					
10	Custo					
11	Rentabilidade					

APÊNDICE C

Distribuição da População do Estado e dos Agentes Imobiliários e Avaliadores Registados de
Infra-estruturas de organismos públicos Sul-Sul da Nigéria

S/N	Estado	N.º de inspectores imobiliários registados
1	Bayelsa	17
2	Rios	42
3	Delta	32
	Total	91

Fonte: Comissão da Função Pública dos Estados (2022)

APÊNDICE D

cálculo do coeficiente de fiabilidade (r) utilizando o alfa de cronbach

ALFA DE CRONBACH PELO SPSS

Agregado 1:

Fiabilidade

Escala: nível de conhecimento das normas ISO 55000

Resumo do processamento do caso

	N	%
Válido	20	100.0
Casos Excluídos	0	.0
Total	20	100.0

Estatísticas de fiabilidade

Alfa de Cronbach	N de artigos
. 0.97	12

Fiabilidade

Agregado 2:

Escala: condutores segundo as normas ISO 55000

Resumo do processamento do caso

	N	%
Válido	20	100.0
Casos Excluídos	0	.0
Total	20	100.0

Estatísticas de fiabilidade

Alfa de Cronbach	N de artigos
. 0.80	10

Fiabilidade

Agregado 3:

Escala: barreiras de acordo com as normas ISO 55000

Resumo do processamento do caso

	N	%

Válido	20	100.0
Casos Excluídos	0	.0
Total	20	100.0

Estatísticas de fiabilidade

Alfa de Cronbach	N de artigos
.883	12

Fiabilidade

Agregado 4:

Escala: conformidade com as normas ISO 55000 e desempenho

Resumo do processamento do caso

	N	%
Válido	20	100.0
Casos Excluídos	0	.0
Total	20	100.0

Estatísticas de fiabilidade

Alfa de Cronbach	N de artigos
. 0.83	10

Escala: FIABILIDADE GLOBAL

Resumo do processamento do caso

	N	%
Válido	20	100.0
Casos Excluídos	0	.0
Total	20	100.0

Estatísticas de fiabilidade

Alfa de Cronbach	N de artigos
0.83	44

Printed by Books on Demand GmbH, Norderstedt / Germany